精通 Nginx（第2版）

[瑞士] Dimitri Aivaliotis 著

李红军 译

人 民 邮 电 出 版 社

北 京

图书在版编目（CIP）数据

精通Nginx : 第2版 / （瑞士）艾维利
(Dimitri Aivaliotis) 著 ; 李红军译. -- 北京 : 人民
邮电出版社, 2017.8（2023.4重印）
ISBN 978-7-115-45996-1

Ⅰ. ①精… Ⅱ. ①艾… ②李… Ⅲ. ①互联网络－网
络服务器 Ⅳ. ①TP368.5

中国版本图书馆CIP数据核字(2017)第143486号

版权声明

◆ 著　[瑞士] Dimitri Aivaliotis
译　李红军
责任编辑　陈冀康
责任印制　焦志炜

◆ 人民邮电出版社出版发行　北京市丰台区成寿寺路 11 号
邮编　100164　电子邮件　315@ptpress.com.cn
网址　https://www.ptpress.com.cn
北京盛通印刷股份有限公司印刷

◆ 开本：800×1000　1/16
印张：16.5　2017 年 8 月第 1 版
字数：320 千字　2023 年 4 月北京第 17 次印刷
著作权合同登记号　图字：01-2016-7603 号

定价：59.00 元

读者服务热线：(010)81055410　印装质量热线：(010)81055316
反盗版热线：(010)81055315
广告经营许可证：京东市监广登字 20170147 号

内容提要

Nginx 是一个高性能的轻量级 Web 服务器，本书从配置文件的角度出发，介绍了多种关于 Nginx 配置的技巧。

本书以模块化风格写成，几乎每一章都是一个独立的模块，读者将能够自由地在各个模块间切换阅读。全书分两部分，第一部分用 9 章内容介绍了安装 Nginx 及第三方模块、配置向导、使用 mail 模块、Nginx 作为反向代理、Nginx Http 服务器、Nginx 的开发、在 Nginx 中集成 Lua 以及故障排除技巧；第二部分用 4 个附录的形式介绍了指令参考、Rewrite 规则指南、Nginx 社区以及 Solaris 系统下的网络调优。

本书适合在安装和配置服务器方面有经验的系统管理员或系统工程师，阅读本书不需要任何 Nginx 使用经验，相信这本书会帮助读者更好地完成任务。

作者简介

Dimitri Aivaliotis 在硅谷担任产品工程师（production engineer）。他的职业生涯从为学校构建基于 Linux 的计算机网络到为银行构建多数据中心的高可用性基础设施和流行的门户网站。他在解决客户问题上已经花费了 10 多年时间，并且在这条路上发现了 Nginx。

Dimitri 以最优异的成绩获得了伦斯勒理工学院的理科学士，并且获得了佛罗里达州立大学管理信息系统的理科硕士。

人们会认为第 2 版应该很容易撰写，纠正第 1 版的错误并更新其内容。一方面，这比从头开始撰写要少写很多，但另一方面，一切都必须重新评估。它不像起初看起来那么容易。

我要感谢所有审稿人，让我诚实，并指出阐述不清楚的内容。当然，剩下的任何错误是我自己的。

感谢 Packt 再次给我撰写这本书的机会。

感谢 Nginx 公司创建一个如此灵活和高效的产品，它在当今仍被广泛使用。

审稿人简介

Markus Jelsma 是 Openindex 私人有限公司的 CTO 与共同所有人，Openindex 私人有限公司是一家专门从事开源搜索和爬虫解决方案的荷兰公司。作为 Apache Nutch 的提交者和 PMC 成员，他是搜索引擎技术和爬虫解决方案方面的专家。

译者序

Nginx 是俄罗斯软件工程师 Igor Sysoev 开发的免费开源 Web 服务器软件。Nginx 于 2004 年发布，聚焦于轻量级、高并发、高性能、高度模块化的设计与低内存消耗问题。它具有多种 Web 服务器功能特性：负载均衡、缓存、访问控制、带宽控制以及高效整合各种应用的能力，这些特性使得 Nginx 很适合于现代网站架构。目前，Nginx 是互联网上仅次于 Apache 的第二流行的开源 Web 服务器软件。

《精通 Nginx（第 2 版）》一书是艾维利的代表作，该书第 1 版于 2013 年 3 月出版，时隔 3 年，本书第 2 版于 2016 年 7 月出版。在《精通 Nginx（第 2 版）》中，艾维利从配置文件的角度出发，介绍了多种关于 Nginx 的配置技巧。本书以模块化风格写成，几乎每一章都是一个独立的模块，读者将能够自由地在各个模块间切换阅读。全书分两部分，第一部分用 9 章内容介绍了安装 Nginx 及第三方模块、配置指南、使用 mail 模块、Nginx 作为反向代理、反向代理高级话题、Nginx HTTP 服务器、Nginx 的开发、在 Nginx 中集成 Lua 以及故障排除技巧；第二部分用 4 个附录的形式介绍了指令参考、Rewrite 规则指南、Nginx 社区以及 Solaries 系统下的网络调优。了解 Nginx 新版本的新内容、熟练掌握 Nginx 的开发并将其灵活运用在工作环境中，这些都是 Nginx 用户和 Web 开发人员的迫切需求。

感谢原作者艾维利，感谢他为全球的 Nginx 开发者带来了这本充满智慧的 Nginx 图书。感谢本书第 1 版译者陶利军老师所做的工作。感谢人民邮电出版社信息技术分社引进如此高品质的图书，感谢人民邮电出版社的陈冀康老师对我的信任，把这本书交给了我翻译。他在本书编辑过程中所表现出来的热心、耐心和敬业精神令我十分感动，与陈冀康老师合作，让人非常愉快！人民邮电出版社的编辑们为本书的出版在幕后做了大量艰苦细致的工作，才让本书得以面世，译者谨向他们表示衷心的感谢。希望所有使用 Nginx 以及对 Nginx 开发感兴趣的读者都能从中获益。

译者也是抱着一颗炽热的学习之心在阅读和翻译本书的，并且希望把这本书推荐给身边更多的朋友。由于译者自身对本书内容的理解深度可能有所欠缺，在翻译的过程中难免出现一些不够准确或者不清楚的描述。读者若发现翻译处理不当之处，欢迎批评指正。

最后，需要深深感谢在翻译过程中给予我理解、支持、帮助的家人和朋友们。

李红军

2016 年 12 月 19 日

hjliemail@yahoo.com

译者简介

李红军，W3China 论坛 Java/Eclipse 版版主。沈阳工业大学计算机应用技术专业硕士，2006 年加入 EasyJF 开源团队，并担任核心开发者，开发出了国内第一款最完备的 J2EE MVC 框架 EasyJWeb。2008 年与徐涵等共同翻译出版 REST 专著《RESTful Web Services 中文版》，2009 年翻译出版《MySQL 核心技术手册（第 2 版）》、《SQL 核心技术手册（第 3 版）》，2013 年翻译出版《云计算：原理与范式》。现为上海立信会计金融学院图书馆技术部工程师。研究兴趣包括网络存储、数据库、虚拟化与云计算以及 Linux、Apache 等开源技术。

前言

Nginx 是一台高性能 Web 服务器，它使用了非常少的系统资源。在互联网上出现很多 how-to 和示例配置文件，这会澄清 Nginx 配置的浑水。这样做，你将会学到在各种环境中如何调整 Nginx 以及一些模糊的配置选项，以便设计一个符合你需求的配置文件。

在已经理解了如何根据自己的需求来构建一个配置文件后，你就不再需要复制、粘贴、配置片段了。这是一个过程，而且会有曲折。不过本书有关技巧的解释，会使你觉得手写配置文件是一件很舒服的事情。万一事情不像期望中的那样工作，你将能够独立地调试该问题，或者至少能够寻求帮助，而不会觉得自己好像都没有尝试过。

这是一本以现代风格所写的书，这种设计有助于你尽可能快地获取信息。几乎每一章都是一个独立模块，你可以根据需要自由地跳到任何地方来获取更深入的特定主题。如果觉得错过了某些主要的内容，那么你可以返回去读取前面的章节。它们在这种方式下构建，以帮助你的配置文件一步步成长。

本书涵盖的内容

第 1 章，安装 Nginx 及第三方模块。教你如何在选择的操作系统上安装 Nginx 以及在你的安装中如何包含第三方模块。

第 2 章，配置指南，讲解 Nginx 的配置文件格式，你将学到每一个不同区段的配置，如何配置全局参数以及 location 的用处。

第 3 章，使用 mail 模块，探索 Nginx 的邮件代理模块，详细介绍配置的方方面面。在本章中，还有一个认证服务的代码示例。

第 4 章，Nginx 作为反向代理，介绍反向代理的概念，并且描述 Nginx 如何充当该角色。

第 5 章，反向代理高级话题，深入研究使用 Nginx 作为反向代理解决可伸缩及性能的问题。

第 6 章，Nginx HTTP 服务器，描述如何使用各种模块，包括通过 Nginx 解决常见的 Web 服务问题。

第 7 章，Nginx 的开发，展示 Nginx 如何与你的应用程序集成，以便更快速地把内容交付给你的用户。

第 8 章，在 Nginx 中集成 Lua，对如何使用嵌入式脚本语言 Lua 扩展 Nginx 功能提供一个概览。

第 9 章，故障排除技巧，研究一些常见的配置文件，一旦出现问题如何调试，以及调优性能的一些建议。

附录 A，指令参考，提供一个方便的配置指令参考，这些指令贯穿全书，也有一些以前未覆盖到的其他指令。

附录 B，Rewrite 规则指南，描述如何使用 Nginx 的 Rewrite 规则模块，并描述将 Apache 格式的 rewrite 规则转换为 Nginx 可处理的 rewrite 规则的一些步骤。

附录 C，Nginx 社区，介绍可以搜寻到的更多的线上资源。

附录 D，Solaris 系统下的网络调优，详述 Solaris 10 及以上版本系统下的网络调优的必要性。

使用这本书你需要做的

任何现代 Linux PC 都能充分运行本书中的示例代码。示例代码在每一章都给定了安装操作指南。基本上可以归纳如下。

- 构建环境：编译器、头文件，等等。
- Nginx：最好是最新版本。
- Ruby：最好从 https://rvm.io 安装。
- Perl：默认版本较好。

谁需要这本书

这本书适用有经验的系统管理员或者系统工程师，熟悉服务器的安装和配置以满足特定的需求。你不需要有使用 Nginx 的经验。

本书约定

本书采用了一些不同风格的文本样式，便于区分不同的信息。这里有一些格式的示例，并有解释说明。

文本格式的代码字符、数据库表名、文件夹名、文件名、文件扩展名、路径名、虚拟 URL、用户输入和 Twitter 处理如下列格式显示："This section will be placed at the top of the `nginx.conf` configuration file."

代码块设置如下：

```
http {
    include       /opt/local/etc/nginx/mime.types;
    default_type  application/octet-stream;
    sendfile on;
    tcp_nopush on;
    tcp_nodelay on;
    keepalive_timeout  65;
    server_names_hash_max_size 1024;
}
```

任何命令行输入或者输出书写如下：

```
$ mkdir $HOME/build
$ cd $HOME/build && tar xzf nginx-<version-number>.tar.gz
```

新术语与**重要的字**以粗体显示。你在屏幕上看到的字，例如，在菜单或者对话框中，会出现类似这样的版本："Clicking the **Next** button moves you to the next screen."

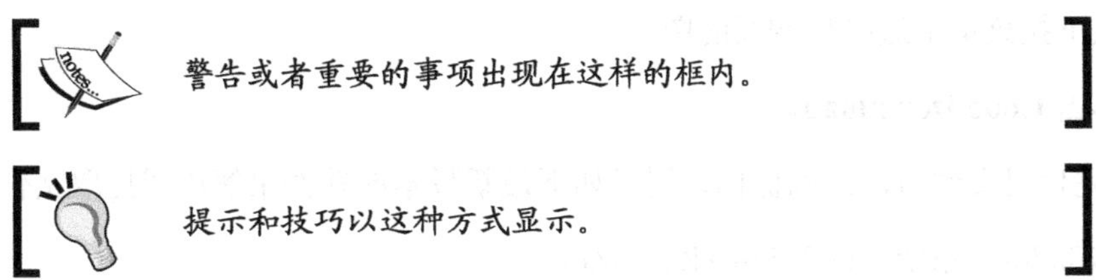

读者反馈

从读者获悉的反馈总是受欢迎的，它让我们知道你对本书的想法——什么是你喜欢的，什么是你不喜欢的。对于我们而言，读者反馈很重要，它使我们的课题发挥更大作用。

向我们发送一般的反馈，只需简单地发送电子邮件至 feedback@packtpub.com，并且在邮件的主题部分提及本书名称就可以了。

如果有你擅长的主题，并且你对写作或者投稿感兴趣，那么你可以看看我们的作者向导 www.packtpub.com/authors。

客户支持

现在你自豪地成为 Packt 书的读者了。我们可以为你提供若干售后服务。

下载示例代码

你可以从 http://www.packtpub.com 上用你的账号下载本书的示例代码，如果你从别的地方购买了这本书，你可以访问 http://www.packtpub.com/support 并注册，那么代码会以邮件的形式直接发送给你。

你可以通过如下步骤来下载代码文件。

1. 使用你的电子邮件地址和密码登录或注册我们的网站。
2. 鼠标指针悬浮在顶部的 **SUPPORT** 标签。
3. 单击 **Code Downloads & Errata**。
4. 在 Search 框中，输入书名。
5. 选择你要下载代码文件的图书。
6. 从下拉菜单中选择你购买的图书。
7. 单击 **Code Download**。

下载完代码文件后，请确保你使用了如下最新版本的软件来解压或提取文件夹。

- Windows 系统下的 WinRAR、7-Zip。

- Mac 系统下的 Zipeg、iZip、UnRarX。
- Linux 系统下的 7-Zip、PeaZip。

下载本书的彩图

我们还为你提供了 PDF 文件，它载有本书使用到的截图。这些彩图可以更好地帮助你理解输出中的变化。你可以从 http://www.packtpub.com/sites/default/files/downloads/Bookname_ColorImages.pdf 下载该文件。

勘误表

尽管我们非常小心地确保图书内容的准确性，但是错误还是会发生。如果你在我们的任何一本图书中发现了错误——可能是文本错误，也可能是代码错误，并把它向我们报告，我们将非常感谢。通过这样做，你可以使其他读者免于阅读错误，并且帮助我们在本书的后续版本中更正。如果你想查找任何勘误表，请通过 http://www.packtpub. com/submit-errata 访问它们，选择你要找的图书，单击 **Errata Submission Form** 链接，就会进入本书的详细勘误表。一旦你的勘误表被校验，那么你的提交将会被接受，并且在我们网站上的勘误表将会被更新，或者添加到任何位于标题部分下的现有勘误表中。

进入 https://www.packtpub.com/books/content/support，通过在搜索框输入图书名称，你都可以查看之前的勘误表。需要的信息会出现在 **Errata** 部分。

版权保护

在互联网上，侵犯受版权保护资料的盗版行为，一直是一个持续的跨越全媒体的问题。在 Packt，我们非常重视版权和许可。如果你在互联网上偶然发现以任何形式非法复制我们文字的地方，请立即提供给我们地址或者网站的名字，以便使我们能够追究补救办法。

请联系我们 copyright@packtpub.com，并且附上涉嫌盗版的材料链接。

我们非常感谢你帮助保护我们的作者，并且我们有能力给读者带来有价值的内容。

问题

如果有任何关于本书的问题，你可以联系我们 questions@packtpub.com，我们将会尽量解决。

目录

第 1 章 安装 Nginx 及第三方模块

Nginx 最初的设计，是成为一个 HTTP 服务器，一个能解决 C10K 问题的 HTTP 服务器。关于 C10K 这个问题，Daniel Kegel 在 http://www.kegel.com/c10k.html 页面有具体描述，它旨在设计一个同时连接处理 10000 连接数的 Web 服务器。为了实现这个目标，Nginx 通过基于事件的连接—处理机制，并且操作系统也要使用相应的事件机制，便可以解决 C10K 问题。

在我们开始探索如何配置 Nginx 之前，首先我们要安装它。这一章将详细讲述如何安装 Nginx，以及如何获取正确的模块并安装与配置它们。Nginx 是模块化设计的，并且有非常丰富的第三方模块开发者社区。它们的设计者通过创建这些模块为核心 Nginx 服务器增添了功能，我们可以在编译安装 Nginx 时将它们添加到 Nginx 服务器。

在这一章中，本书涉及如下内容。

- 使用包管理器安装 Nginx。
- 通过源代码安装 Nginx。
- 为 Web 或者 Mail 服务器配置 Nginx。
- 配置 SSL 支持。
- 使用各种模块。
- 查找并安装第三方模块。
- 添加对 Lua 的支持。
- 组合在一起。

1.1 使用包管理器安装 Nginx

使用包管理器安装 Nginx 的机会，是你所使用的操作系统已经提供了 nginx 的安装包。使用包管理器安装 Nginx 的方法很简单，只需要使用包管理器安装命令就可以了：

- Linux（基于 deb）

```
sudo apt-get install nginx
```

- Linux（基于 rpm）

```
sudo yum install nginx
```

- FreeBSD

```
sudo pkg_install -r nginx
```

命令 sudo 表示的是通过操作系统中的超级用户（root）权限执行的命令。如果操作系统支持 RBAC（role-based access control），那么可以用一个不同的命令，例如 “pfexec”，来达到同样的目的。

通过上述命令，Nginx 将会安装到操作系统的标准位置下。如果使用操作系统的安装包安装 Nginx，那么通过上面的命令来安装是最佳方式。

Nginx 核心团队也提供了稳定的二进制版本，可以从 http://nginx.org/en/download.html 页面下载可用的版本。未发布 nginx 安装包的系统用户（例如，CentOS），可以使用下面的指导来安装预测试、预编译二进制版本。

1.1.1 在 Centos 上安装 Nginx

通过创建下面的文件，在系统中添加 Nginx 仓库的 yum 配置：

```
sudo vi /etc/yum.repos.d/nginx.repo
[nginx]
name=nginx repo
baseurl=http://nginx.org/packages/centos/7/$basearch/
gpgcheck=0
enabled=1
```

然后，通过执行如下命令来安装 nginx：

```
sudo yum install nginx
```

也可以按照前面介绍的 URL 下载 nginx 发行版安装。

1.1.2 在 Debian 上安装 Nginx

使用如下步骤在 Debian 上安装 Nginx。

1．通过从 http://nginx.org/keys/nginx_signing.key 下载并安装 Nginx 签名 key，将该签名 key 添加到系统的 apt 密钥中：

```
sudo apt-key add nginx_signing.key
```

2．将 nginx.org 仓库追加到/etc/apt/sources.list 文件的末尾：

```
vi /etc/apt/sources.list
deb http://nginx.org/packages/debian/jessie nginx
deb-src http://nginx.org/packages/debian/jessie nginx
```

3．然后，通过执行如下命令来安装 nginx：

```
sudo apt-get update
sudo apt-get install nginx
```

如果所使用的操作系统在它可用的安装包中未包含 nginx，或是所包含的版本太老不能满足需要，或是 nginx.org 并未提供所需要的安装包，或是你想使用“development”版本的 Nginx，或者是你想启用或禁用特定的模块，那么从源代码编译的方法来安装 Nginx 是唯一可用的另外一个方法。

1.2 从源代码安装 Nginx

Nginx 代码提供了两种独立的下载分支——开发版与稳定版。开发分支是一个正处于积极开发状态的版本。在这个版本中，会有一些新功能被集成到其中，在稳定版中是找不到这些功能的。当发布一个“开发”版时，它会经历同样的 QA 和作为稳定版的一组类似功能测试。因此，无论哪一个分支都可以用于生产环境中。两者主要的不同，在于对第三方模块的支持。在开发版中，内部的 API 可能会发生改变，而稳定版则保持不变。因此，为了与第三方模块向下兼容，在稳定版中第三方模块都可以有效使用。

1.2.1 准备编译环境

为了从源代码编译 Nginx，系统需要满足某些必要条件。除了编译器之外，如果想分别启用 SSL 支持和使用 rewrite 模块，那么还需要提供相应的 OpenSSL 与 PCRE（Perl Compatible Regular Expressions）库及开发头文件。rewrite 模块是默认安装的。如果你没有 PCRE 库与开发头文件，你需要在配置阶段禁用 rewrite 模块。这依赖于系统，也有可能在系统中已经默认安装了这些必要条件。如果没有安装，则需要从其安装包安装或者从源码下载并解压安装，并在 Nginx 的配置脚本文件中指定它们在系统中的安装位置。

如果在配置文件中使用了--with-<library>=<path>选项，那么 Nginx 会试图建立一个静态依赖库。如果你想让 Nginx 不依赖于系统任何其他部分，或是想多获得些 nginx 的二进制额外性能，那么你可能会使用构建静态库的做法。如果你使用的外部库功能只能从某一个版本起有效（例如，NPN[Next Protocol Negotiation] TLS 扩展从 OpenSSL 1.0.1 版有效），那么你就不得不将其指定到特定版本解压后的源代码路径中。

根据自己的喜好，你可能会提供其他的、可选安装包。你可以为这些安装包提供支持。它们包括 MD5 和 SHA-1 以支持散列算法、zip 压缩库、libatomic 库。在 Nginx 中，很多地方会用到散列算法，例如，为了计算 URI 散列进而计算缓存 key。

zlib 压缩库被用来投递 gzip 压缩内容。如果 atomic_ops 库有效，那么 Nginx 会用它来实现自动内存更新操作，以便实现高性能的内存锁定代码。

1.2.2 从源代码编译

读者可以从 http://nginx.org/en/download.html 下载 Nginx，在该页面找到.tar.gz 或者.zip 格式的源代码分支，按照如下步骤将下载的安装包解压到一个临时目录中：

```
$ mkdir $HOME/build
$ cd $HOME/build && tar xzf nginx-<version-number>.tar.gz
```

使用下面的命令配置 Nginx：

```
$ cd $HOME/build/nginx-<version-number> && ./configure
```

然后，使用下面的命令进行编译安装：

```
$ make && sudo make install
```

在编译自己的二进制 nginx 时，你会有很大的灵活性来包含你仅使用的功能。你已经指定使用哪个用户运行 Nginx 了吗？你要使用默认的 logfile 位置，以便不用在 Nginx 的配置文件明确地说明它们吗？表 1-1 所示是配置选项列表，通过它来帮助你设计出自己的 nginx 命令。这些选项对 Nginx 都是有效的，模块可以被独立激活。

表 1-1　通用配置选项

选项	解释
--prefix=<path>	Nginx 安装的根路径，所有其他的安装路径都要依赖于该选项
--sbin-path=<path>	指定 nginx 二进制文件的路径。如果没有指定，那么这个路径会依赖于——prefix 选项
--conf-path=<path>	如果在命令行没有指定配置文件，那么将会通过这里指定的路径，nginx 将会去那里查找它的配置文件
--error-log-path=<path>	指定错误文件的路径，nginx 将会往其中写入错误日志文件，除非有其他的配置
--pid-path=<path>	指定的文件将会写入 nginx master 进程的 pid，通常在/var/run 下
--lock-path=<path>	共享存储器互斥锁文件的路径
--user=<user>	worker 进程运行的用户
--group=<group>	worker 进程运行的组
--with-file-aio	为 FreeBSD 4.3 +和 Linux 2.6.22 +系统启用异步 I/O
--with-debug	这个选项用于启用调试日志。在生产环境的系统中不推荐使用该选项

如表 1-2 所示，你可以使用优化编译，但你可能无法在包管理器安装中获得优化。这正是表 1-2 中选项的用武之地。

表 1-2　配置优化选项

选项	说明
--with-cc=<path>	如果想设置一个不在默认 PATH 下的 C 编译器
--with-cpp=<path>	设置 C 预处理器的相应路径
--with-cc-opt=<options>	指定必要的 include 文件路径，可能(-I<path>）指出，也可能是优化（-O4）并指定一个 64 位构建
--with-ld-opt=<options>	包含连接器库的路径（-L<path>）和运行路径（-R<path>）
--with-cpu-opt=<cpu>	通过该选项为特定的 CPU 构建 Nginx

1.2.3　为 Web 或者 Mail 服务器配置 Nginx

Nginx 是一个独一无二的高性能 Web 服务器，它也被设计成为一个邮件代理服务器。根据你构建 Nginx 的目标，可将其配置成一个 Web 加速器、Web 服务器、邮件代理，或者是集三者为一体。你可以将任何服务安装在一个二进制文件中，这样做的好处是可以通过配置文件来设置 Nginx 服务器的角色，或者根据需要在高性能的环境中安装一个精简的二进制 Nginx 文件。

1.2.4 邮件代理的配置选项

如表 1-3 所示，是邮件模块独有的配置选项。

表 1-3　　mail 配置选项

选项	说明
--with-mail	该选项用于启用 mail 模块，该模块默认没有被激活
--with-mail_ssl_module	为了代理任何一种类型的使用 SSL/TLS 的 mail，需要激活该模块
--without-mail_pop3_module	在启用 mail 模块后，单独地禁用 POP3 模块
--without-mail_imap_module	在启用 mail 模块后，单独地禁用 IMAP 模块
--without-mail_smtp_module	在启用 mail 模块后，单独地禁用 SMTP 模块
--without-http	该选项将会完全禁用 http 模块，如果你只想支持 mail，那么可以使用它

对于典型的 mail 代理，我推荐将 Nginx 配置为：

```
$ ./configure --with-mail --with-mail_ssl_module --with-openssl=${BUILD_
DIR}/openssl-1.0.1p
```

对于邮件服务器来说，现在几乎每一个邮件服务器的安装都需要安装 SSL/TLS，并且没有一个邮件代理启用了预期功能的劫持用户。我推荐静态编译 OpenSSL，以便对操作系统中的 OpenSSL 库没有依赖性。不过，这确实意味着你必须保持警惕，确保你的静态编译的 OpenSSL 保持最新，并在必要时重建你的二进制文件。在前面命令中使用的变量 BUILD_DIR 需要提前设置。

1.2.5 指定路径的配置选项

表 1-4 显示了 http 模块有效的配置选项，从激活 Perl 模块到指定临时目录的位置。

表 1-4　　http 配置选项

选项	说明
--without-http-cache	在使用 upstream 模块时，Nginx 能够配置本地缓存内容。这个选项能够禁用缓存
--with-http_perl_module	Nginx 配置能够扩展使用 Perl 代码。这个选项启用这个模块（然而，I/O 受阻塞时，使用这个模块会降低性能。）
--with-perl_modules_path= <path>	对于额外嵌入的 Perl 模块，使用该选项指定该 Perl 解析器的路径。也可以通过配置选项来指定 Perl 模块解析器的位置

续表

选项	说明
--with-perl=<path>	如果在默认的路径中没有找到 Perl，那么指定 Perl（5.6.1 版本以上）的路径
--http-log-path=<path>	http 访问日志的默认路径
--http-client-body-temp-path=<path>	从客户端收到请求后，该选项设置的目录用于作为请求体临时存放的目录。如果 WebDAV 模块启用，那么推荐设置该路径为同一文件系统上的目录作为最终的目的地
--http-proxy-temp-path= <path>	在使用代理后，通过该选项设置存放临时文件路径
--http-fastcgi-temp-path= <path>	设置 FastCGI 临时文件的目录
--http-uwsgi-temp-path= <path>	设置 uWSGI 临时文件的目录
--http-scgi-temp-path=<path>	设置 SCGI 临时文件的目录

1.3　配置 SSL 支持

对于 TLS/SSL 协议，Nginx 使用 OpenSSL 项目。有关此开源工具包的更多信息，请访问 https://www.openssl.org。你可以从操作系统或者直接从工具包的单独副本来获取对 SSL 的支持。如果使用不带--with-ssl 选项的--with-http_ssl_module 或者--with-mail_ssl_module，你正在使用执行了 configure 命令的、安装在计算机上的 OpenSSL 库。如果你想要针对特定版本的 OpenSSL 进行编译，请下载该分发包，将其解压缩到一个目录中，然后将该目录的路径指定为--with-openssl 的参数。使用--with-openssl-opt 选项为 OpenSSL 本身指定额外的构建选项。

例如，为了使用具有优化椭圆曲线的 OpenSSL 来构建 Nginx，您将使用如下的命令：

```
$ ./configure --with-http_ssl_module --with-openssl=${BUILD_DIR}/openssl-
1.0.1p --with-openssl-opt=enable-ec_nistp_64_gcc_128
```

1.4　使用各种模块

在 Nginx 发布的版本中，除了 http 和 mail 模块之外，还有其他一些模块。这些模块并没有在默认安装中激活，但是可以在编译安装时适当地配置选项--with-<module-name>_module 来启用相应的选项，如表 1-5 所示。

表 1-5　　　　http 模块配置选项

选项	说明
--with-http_ssl_module	如果需要对流量进行加密，那么可以使用到这个选项，在 URL 中开始部分将会是 https（需要 OpenSSL 库）
--with-http_realip_module	如果你的 Nginx 在七层负载均衡器或者是其他设备之后，它们将 http 头中的客户端 IP 地址传递，那么你将会需要启用这个模块。在多个客户处于一个 IP 地址的情况下使用
--with-http_addition_module	这个模块作为一个输出过滤器，使你能够在请求经过一个 location 前或者后时在该 location 本身添加内容
--with-http_xslt_module	该模块用于处理 XML 响应转换，基于一个或者多个 XSLT 格式（需要 libxml2 和 libxslt 库）
--with-http_image_filter_module	该模块被作为图像过滤器使用，在将图像投递到客户之前进行处理（需要 libgd 库）
--with-http_geoip_module	使用该模块，能够设置各种变量以便在配置文件中的区段使用，基于地理位置查找客户端 IP 地址（需要 MaxMind GeoIP 库和相应的预编译数据库文件）
--with-http_sub_module	该模块实现了替代过滤，在响应中用一个字符串替代另一个字符串，提醒一句：使用该模块隐式禁用标头缓存
--with-http_dav_module	启用这个模块将激活使用 WebDAV 的配置指令。请注意，这个模块也只在有需要使用的基础上启用，如果配置不正确，它可能带来安全问题
--with-http_flv_module	如果需要提供 Flash 流媒体视频文件，那么该模块将会提供伪流媒体
--with-http_mp4_module	这个模块支持 H.264/AAC 文件伪流媒体
--with-http_gzip_static_module	当被调用的资源没有.gz 结尾格式的文件时，如果想支持发送预压缩版本的静态文件，那么使用该模块
--with-http_gunzip_module	对于不支持 gzip 编码的客户，该模块用于为客户解压缩预压缩内容
--with-http_random_index_module	如果你想提供从一个目录中随机选择文件的索引文件，那么这个模块需要被激活
--with-http_secure_link_module	该模块提供了一种机制，它会将一个散列值链接到一个 URL 中，因此，只有那些使用正确的密码能够计算链接
--with-http_stub_status_module	启用这个模块后会收集 Nginx 自身的状态信息。输出的状态信息可以使用 RRDtool 或类似的内容来绘制成图

正如你所看到的，所有这些模块都是建立在 http 模块的基础之上，它们提供了额外的功能。在编译时启用这些模块根本不会影响到运行性能，以后在配置使用这些模块时性能会产生影响。

因此，对于网络加速器/代理，就配置选项来说，我想提出以下建议。

```
$ ./configure --with-http_ssl_module --with-http_realip_module --with-http_geoip_module --with-http_stub_status_module --with-openssl=${BUILD_DIR}/openssl-1.0.1p
```

下面是 Web 服务器的建议：

```
$ ./configure --with-http_stub_status_module
```

不同之处在于 Nginx 面对的客户，处于 Web 加速角色时，会考虑到 SSL 请求的终结，也包括处理代理客户和基于客户来源决策；处于 Web 服务角色时，则仅需要提供默认文件访问能力。

我总是推荐启用 stub_status 模块，这是因为它提供了收集 Nginx 如何执行、如何对其度量的一个方法。

禁用不再使用的模块

有些 http 模块通常情况下是激活的，但是可以通过设置适当的--without-<module-name>_module 选项禁用它们。如果在配置中不使用这些模块，如表 1-6 所示，那么你可以禁用它们。

表 1-6　禁用的配置选项

选项	说明
--without-http_charset_module	该字符集模块负责设置 Content-Type 响应头，以及从一个字符集转换到另一个字符集
--without-http_gzip_module	gzip 模块作为一个输出过滤器，在将内容投递到客户时对内容进行压缩
--without-http_ssi_module	该模块是一个过滤器，用于处理 SSI 包含。如果启用了 Perl 模块，那么额外的 SSI 指令（perl）可用
--without-http_userid_module	userid 模块能够使得 Nginx 设置 cookies，用于客户标识。变量$uid_set 和$uid_got 可以记录用户跟踪
--without-http_access_module	access 模块基于 IP 地址控制访问 location
--without-http_auth_basic_module	该模块通过 HTTP 基本身份验证限制访问
--without-http_autoindex_module	如果一个目录中没有 index 文件，那么 autoindex 模块能够收集这个目录列出文件
--without-http_geo_module	该模块能够让你基于客户端 IP 地址设置配置变量，然后根据这些变量的值采取行动

续表

选项	说明
--without-http_map_module	map 模块能够让你映射一个变量到另一个变量
--without-http_split_clients_module	该模块创建用于 A/B 测试的变量
--without-http_referer_module	该模块能够让 Nginx 阻止基于 Referer HTTP 头的请求
--without-http_rewrite_module	通过 rewrite 模块能够让你基于变量条件改变 URI
--without-http_proxy_module	使用 proxy 模块允许 Nginx 将请求传递到其他服务器或者服务器组
--without-http_fastcgi_module	FastCGI 模块能够让 Nginx 将请求传递到 FastCGI 服务器
--without-http_uwsgi_module	该模块能够让 Nginx 将请求传递到 uWSGI 服务器
--without-http_scgi_module	SCGI 模块能够让 Nginx 将请求传递到 SCGI 服务器
--without-http_memcached_module	该模块能够使得 Nginx 与一个 memcached 服务器进行交互，将响应放置到变量查询中
--without-http_limit_conn_module	该模块能够使得 Nginx 基于某些键，通常是 IP 地址，设置连接限制
--without-http_limit_req_module	通过该模块，Nginx 能够限制每个用户的请求率
--without-http_empty_gif_module	在内存中空的 GIF 模块产生一个 1 像素×1 像素的透明 GIF 图像
--without-http_browser_module	browser 模块允许基于 User-Agent HTTP 请求头配置，变量的设置基于在该头中发现的版本
--without-http_upstream_ip_hash_module	该模块定义了一组可以与不同的代理模块结合使用的服务器

1.5 查找并安装第三方模块

由于有多个开源项目，所以在 Nginx 周围就会有一个活跃的开发社区。由于 Nginx 的模块化特性，这个社区能够开发和发布模块，从而为 Nginx 提供额外的功能。它们涵盖了广泛的应用，所以着手开发自己的模块之前应该看看有什么可用模块。

安装第三方模块的过程相当简单，步骤如下。

1. 定位你想要使用的模块（在 https://github.com 或者是 http://wiki.nginx.org/3rdPartyModules 查找）。

2. 下载该模块。

3. 解压缩源代码安装包。

4. 如果有 README 文件，那么阅读 README 文件，查看在安装中是否有依赖安装。

5. 通过./configure-add-module=<path>选项配置使用该模块。

这个过程会给你的 nginx 二进制文件与模块附加这个功能。

需要注意的是，很多第三方模块是实验性质的。因此，在将这些模块用于生产系统之前，首先要测试使用这些模块。另外请记住，Nginx 的开发版本中可能会有 API 的变化，会导致第三方模块出现问题。

1.6　添加对 Lua 的支持

特别应该提到的是 ngx_lua 这个第三方模块，ngx_lua 模块提供了启用 Lua 的功能，而不是像 Perl 一样在配置时嵌入式脚本语言。该模块对于 perl 模块来说最大的优点就是它的无阻塞性，并与其他第三方模块紧密集成。对于它的安装说明的完整描述详见：https://github.com/openresty/lua-nginx-module#installation。我们将以这个模块为例，在下一节中介绍如何安装第三方模块。

1.7　组合在一起

现在你已经大概了解了各种配置选项，接下来你可以根据自己的需要设计一个二进制文件。下面的例子中，指定了 prefix、user、group，某些路径禁用了某些模块，启用了一些其他模块，并包括一些第三方模块。

```
$ export BUILD_DIR=`pwd`
$ export NGINX_INSTALLDIR=/opt/nginx
$ export VAR_DIR=/home/www/tmp
$ export LUAJIT_LIB=/opt/luajit/lib
$ export LUAJIT_INC=/opt/luajit/include/luajit-2.0


$ ./configure \
        --prefix=${NGINX_INSTALLDIR} \
        --user=www \
        --group=www \
        --http-client-body-temp-path=${VAR_DIR}/client_body_temp \
```

```
--http-proxy-temp-path=${VAR_DIR}/proxy_temp \
--http-fastcgi-temp-path=${VAR_DIR}/fastcgi_temp \
--without-http_uwsgi_module \
--without-http_scgi_module \
--without-http_browser_module \
--with-openssl=${BUILD_DIR}/../openssl-1.0.1p \
--with-pcre=${BUILD_DIR}/../pcre-8.32 \
--with-http_ssl_module \
--with-http_realip_module \
--with-http_sub_module \
--with-http_flv_module \
--with-http_gzip_static_module \
--with-http_gunzip_module \
--with-http_secure_link_module \
--with-http_stub_status_module \
--add-module=${BUILD_DIR}/ngx_devel_kit-0.2.17 \
--add-module=${BUILD_DIR}/ngx_lua-0.7.9
```

接下来，跟随的大量输出显示了在你的系统上能找到什么样的配置，概要打印出来，配置如下所示。

```
Configuration summary
  + using PCRE library: /home/builder/build/pcre-8.32
  + using OpenSSL library: /home/builder/build/openssl-1.0.1p
  + md5: using OpenSSL library
  + sha1: using OpenSSL library
  + using system zlib library

  nginx path prefix: "/opt/nginx"
  nginx binary file: "/opt/nginx/sbin/nginx"
  nginx configuration prefix: "/ opt/nginx/conf"
  nginx configuration file: "/opt/nginx/conf/nginx.conf"
  nginx pid file: "/ opt/nginx/logs/nginx.pid"
  nginx error log file: "/opt/nginx/logs/error.log"
  nginx http access log file: "/opt/nginx/logs/access.log"
  nginx http client request body temporary files: "/home/www/tmp/ client_
body_temp"
  nginx http proxy temporary files: "/home/www/tmp/proxy_temp"
  nginx http fastcgi temporary files: "/home/www/tmp/fastcgi_temp"
```

如上所示，configure 找到了所有我们要查找的条目，并且按照我们的喜好设置了路径。现在，你可以构建你的 nginx 并安装它，正如本章一开始提到的。

1.8　小结

本章介绍了各种 Nginx 的有效模块，通过编译你自己的二进制文件，你可以定制 Nginx 能够为你提供哪些功能。对于你来说，构建和安装软件应该不会陌生。所以，创造一个构建环境或者确保所有依赖关系都存在，这并不会花费你很多的时间。一个 Nginx 的安装应该是按照你的需要，能随时启用或禁用模块，正如你看到的，启用或者是禁用一个模块应该感到很容易。

接下来，我们将介绍基本的 Nginx 配置概述，以便感受一下在通常情况下 Nginx 是如何配置的。

第2章 配置指南

Nginx 配置文件的格式非常合乎逻辑。学习这种格式以及如何使用每个部分是基础，这将有助于你手工创建一个配置文件。构造配置涉及为每个单独的段指定全局参数和指令。这些指令以及它们如何适应整个配置文件是本章的主要内容。目标是了解如何创建正确的配置文件以满足你的需求。

通过这一章的讨论话题，帮助你达到如下目标。

- 基本配置格式。
- Nginx 全局配置参数。
- 使用 include 文件。
- HTTP 的 server 部分。
- 虚拟服务器部分。
- location——where, when, how。
- mail 的 server 部分。
- 完整的示例配置文件。

2.1 基本配置格式

基本的 Nginx 配置文件由若干个部分组成，每一个部分都是通过下列方法定义的。

```
<section> {

    <directive> <parameters>;
```

```
}
```

需要注意的是，每一个指令行都由分号结束（;），这标记着一行的结束。大括号（{}）实际上表示一个新配置的上下文（context），但是在大多数情况下，我们将它们作为“节、部分（section）”来读。

2.2 Nginx 全局配置参数

全局配置部分被用于配置对整个 server 都有效的参数和前一个章节中的例外格式。全局部分可能包含配置指令，例如，user 和 worker_processes，也包括“节、部分（section）”。例如，events，这里没有大括号（{}）包围全局部分。

在全局部分中，最重要的配置指令都在表 2-1 中，这些配置指令将会是你处理的最重要部分。

表 2-1 全局配置指令

全局配置指令	说明
user	使用这个参数来配置 worker 进程的用户和组。如果忽略 group，那么 group 的名字等于该参数指定用户的用户组
worker_processes	指定 worker 进程启动的数量。这些进程用于处理客户的所有连接。选择一个正确的数量取决于服务器环境、磁盘子系统和网络基础设施。一个好的经验法则是设置该参数的值与 CPU 绑定的负载处理器核心的数量相同，并用 1.5～2 之间的数乘以这个数作为 I/O 密集型负载
error_log	error_log 是所有错误写入的文件。如果在其他区段中没有设置其他的 error_log，那么这个日志文件将会记录所有的错误。该指令的第二个参数指定了被记录错误的级别（debug、info、notice、warn、error、crit、alert、emerg）。注意，debug 级别的错误只有在编译时配置了 --with-debug 选项才可以使用
pid	设置记录主进程 ID 的文件，这个配置将会覆盖编译时的默认配置
use	该指令用于指示使用什么样的连接方法。这个配置将会覆盖编译时的默认配置，如果配置该指令，那么需要一个 events 区段。通常不需要覆盖，除非是当编译时的默认值随着时间的推移产生错误时才需要被覆盖设置
worker_connections	该指令配置一个工作进程能够接受最大并发连接数。这个连接包括客户连接和向上游服务器的连接，但并不限于此。这对于反向代理服务器尤为重要，为了达到这个并发性连接数量，需要在操作系统层面进行一些额外调整

下面是一个使用这些指令的简短示例：

```
# we want nginx to run as user 'www'
user www;

# the load is CPU-bound and we have 12 cores
worker_processes  12;

# explicitly specifying the path to the mandatory error log
error_log   /var/log/nginx/error.log;

# also explicitly specifying the path to the pid file
pid         /var/run/nginx.pid;

# sets up a new configuration context for the 'events' module
events {

    # we're on a Solaris-based system and have determined that
        nginx
    # will stop responding to new requests over time with the
        default
    # connection-processing mechanism, so we switch to the
        second-best
    use /dev/poll;
    # the product of this number and the number of
        worker_processes
    # indicates how many simultaneous connections per IP:port pair
        are
    # accepted
    worker_connections   2048;
}
```

这一部分应该放置在 nginx.conf 配置文件的顶部。

2.3 使用 include 文件

在 Nginx 的配置文件中，include 文件可以在任何地方，以便增强配置文件的可读性，并且能够使得部分配置文件重新使用。使用 include 文件，要确保被包含的文件自身有正确的 Nginx 语法，即配置指令和块（blocks），然后指定这些文件的路径。

```
include /opt/local/etc/nginx/mime.types;
```

在路径中出现通配符，表示可以配置多个文件。

```
include /opt/local/etc/nginx/vhost/*.conf;
```

如果没有给定全路径，那么 Nginx 将会依据它的主配置文件路径进行搜索。Nginx 测试配置文件很容易，通过下面的命令来完成。

```
nginx -t -c <path-to-nginx.conf>
```

该命令将测试 Nginx 的配置文件，包括 include 文件，但是它只检查语法错误。

2.4 HTTP 的 server 部分

在 HTTP 中，server 部分或者 HTTP 配置 context 是可用的，除非在编译安装 Nginx 时没有包含 HTTP 模块（也就是使用了--without-http）。这部分控制了 HTTP 模块的方方面面，是使用最多的一个部分。

本部分的配置指令用于处理 HTTP 连接，因此，该模块提供了相当数量的指令。为了更容易理解这些指令，我们将它们划分为不同的类型来讲述。

2.4.1 客户端指令

如表 2-2 所示，这一组指令用于处理客户端连接本身的各个方面以及不同类型的客户端。

表 2-2 http 客户端指令

http 客户端指令	说明
chunked_transfer_encoding	在发送给客户端的响应中，该指令允许禁用 http/1.1 标准的块传输编码
client_body_buffer_size	为了阻止临时文件写到磁盘，可以通过该指令为客户端请求体设置缓存大小，默认的缓存大小为两个内存页面
client_body_in_file_only	用于调试或者是进一步处理客户端请求体。该指令设置为“on”能够将客户端请求体强制写入到磁盘文件
client_body_in_single_buffer	为了减少复制的操作，使用该指令强制 Nginx 将整个客户端请求体保存在单个缓存中
client_body_temp_path	该指令定义一个命令路径用于保存客户端请求体
client_body_timeout	该指令指定客户体成功读取的两个操作之间的时间间隔
client_header_buffer_size	该指令为客户端请求头指定一个缓存大小，当请求头大于 1KB 时会用到这个设置
client_header_timeout	该超时是读取整个客户端头的时间长度

续表

http 客户端指令	说明
client_max_body_size	该指令定义允许最大的客户端请求头，如果大于这个设置，那么客户端将会是 413（Request Entity Too Large）错误
keepalive_disable	该指令对某些类型的客户端禁用 keep-alive 请求功能
keepalive_requests	该指令定义在一个 keep-alive 关闭之前可以接受多少个请求
keepalive_timeout	该指令指定 keep-alive 连接持续多久。第二个参数也可以设置，用于在响应头中设置“keepalive”头
large_client_header_buffers	该指令定义最大数量和最大客户端请求头的大小
msie_padding	为了填充响应的大小至 512 字节，对于 MSIE 客户端，大于 400 的状态代码会被添加注释以便满足 512 字节，通过启用该命令可以阻止这种行为
msie_refresh	对于 MSIE 客户端，该指令可启用发送一个 refresh 头，而不是 redirect

2.4.2 文件 I/O 指令

这些指令用于控制 Nginx 如何投递静态文件以及如何管理文件描述符，如表 2-3 所示。

表 2-3 http 文件 I/O 指令

http 文件 I/O 指令	说明
aio	该指令启用异步文件 I/O。该指令对于现代版本的 FreeBSD 和所有 Linux 发行版都有效。在 FreeBSD 系统下，aio 可能被用于 sendfile 预加载数据。在 Linux 下，则需要 directio 指令，自动禁用 sendfile
directio	该指令用于启用操作系统特定的标志或者功能提供大于给定参数的文件。在 Linux 系统下，使用 aio 时需要使用该指令
directio_alignment	该指令设置 directio 的算法。默认值为 512，通常足够了，但是在 Linux 的 XFS 下推荐增加为 4KB
open_file_cache	该指令配置一个缓存用于存储打开的文件描述符、目录查询和文件查询错误
open_file_cache_errors	该指令按照 open_file_cache，启用文件查询错误缓存
open_file_cache_min_uses	open_file_cache 缓存的文件描述符保留在缓存中，使用该指令配置最少使用文件描述符的次数
open_file_cache_valid	该指令指定对 open_file_cache 缓存有效性检查的时间间隔
postpone_output	该指令指定 Nginx 发送给客户端最小的数值，如果可能的话，没有数据会发送，直到达到此值

续表

http 文件 I/O 指令	说明
read_ahead	如果可能的话，内核将预读文件到设定的参数大小。目前支持 FreeBSD 和 Linux（Linux 会忽略大小）
sendfile	该指令使用 sendfile（2）直接从一个文件描述符复制数据到另一个文件描述符
sendfile_max_chunk	该指令设置在一个 sendfile（2）中复制最大数据的大小，这是为了阻止 worker“贪婪”

2.4.3 Hash 指令

如表 2-4 所示，这组 hash 指令控制 Nginx 分配给某些变量多大的静态内存。在启动和重新配置时，Nginx 会计算需要的最小值。在 Nginx 发出警告时，只需要调整一个 *_hash_max_size 指令的参数值就可以达到效果。*_hash_bucket_size 变量被设置了默认值，以便满足多处理器缓存行降低检索所需要的检索查找，因此基本不需要改变，额外更详细的内容参考 http://nginx.org/en/docs/hash.html。

表 2-4 HTTP hash 指令

HTTP hash 指令	说明
server_names_hash_bucket_size	该指令指定用于保存 server_name 散列表大小的“桶”
server_names_hash_max_size	该指令指定 server_name 散列表的最大大小
types_hash_bucket_size	该指令指定用于存储散列表的“桶”的大小
types_hash_max_size	该指令指定散列类型表的最大大小
variables_hash_bucket_size	该指令指定用于存储保留变量“桶”的大小
variables_hash_max_size	该指令指定存储保留变量最大散列值的大小

2.4.4 Socket 指令

如表 2-5 所示，Socket 指令描述了 Nginx 如何设置创建 TCP 套接字的变量选项。

表 2-5 HTTP socket 指令

HTTP socket 指令	说明
lingering_close	该指令指定如何保持客户端的连接，以便用于更多数据的传输
lingering_time	在使用 lingering_close 指令的连接中，该指令指定客户端连接为了处理更多的数据需要保持打开连接的时间

续表

HTTP socket 指令	说明
lingering_timeout	结合 lingering_close，该指令显示 Nginx 在关闭客户端连接之前，为获得更多数据会等待多久
reset_timedout_connection	使用这个指令之后，超时的连接将会被立即关闭，释放相关的内存。默认的状态是处于 FIN_WAIT1，这种状态将会一直保持连接
send_lowat	如果非零，Nginx 将会在客户端套接字尝试减少发送操作
send_timeout	该指令在两次成功的客户端接收响应的写操作之间设置一个超时时间
tcp_nodelay	启用或者禁用 TCP_NODELAY 选项，用于 keep-alive 连接
tcp_nopush	仅依赖于 sendfile 的使用。它能够使得 Nginx 在一个数据包中尝试发送响应头以及在数据包中发送一个完整的文件

2.4.5 示例配置文件

下面是一个 http 配置部分的例子。

```
http {

    include         /opt/local/etc/nginx/mime.types;

    default_type  application/octet-stream;

    sendfile on;

    tcp_nopush on;

    tcp_nodelay on;

    keepalive_timeout  65;

    server_names_hash_max_size 1024;

}
```

在 nginx.conf 文件中，上面这部分内容跟随在全局配置指令之后。

2.5 虚拟服务器部分

任何由关键字 server 开始的部分都被称作“虚拟服务器”部分。它描述的是一组根据不同的 server_name 指令逻辑分割的资源，这些虚拟服务器响应 HTTP 请求，因此它们都包含在 http 部分中。

一个虚拟服务器由 listen 和 server_name 指令组合定义，listen 指令定义了一个 IP 地址/端口组合或者是 UNIX 域套接字路径。

```
listen address[:port];
listen port;
listen unix:path;
```

如表 2-6 所示，listen 指令唯一地标识了在 Nginx 下的套接字绑定，此外还有一些其他的可选参数。

表 2-6　Listen 指令的参数

Listen 指令的参数	说明	注解
default_server	该参数定义这样一个组合(address:port)默认的请求被绑定在该默认 server 块	
setfib	该参数为套接字监听设置相应的 FIB	该参数仅支持 FreeBSD，不支持 UNIX 域套接字
backlog	该参数在 listen()的调用中设置 backlog 参数调用	该参数在 FreeBSD 系统中默认值为-1，而在其他的系统中为 511
rcvbuf	在套接字监听中，该参数设置 SO_RCVBUF 参数	
sndbuf	在套接字监听中，该参数设置 SO_SNDBUF 参数	
accept_filter	该参数设置接受的过滤器：dataready 或者 httpready dataready	该参数仅支持 FreeBSD
deferred	该参数使用延迟的 accept()调用设置 TCP_DEFER_ACCEPT 选项	该参数仅支持 Linux
bind	该参数为 address:port 套接字对打开一个单独的 bind()调用	如果任何其他特定套接字参数被使用，那么一个单独的 bind()将会被隐式地调用
ipv6only	该参数设置 IPV6_V6ONLY 参数的值	该参数只能在一个全新的开始设置，不支持 UNIX 域套接字
ssl	该参数表明该端口仅接受 HTTPS 的连接	该参数允许更紧凑的配置
so_keepalive	该参数为 TCP 监听套接字配置 keepalive	

server_name 指令是相当简单的，但可以用来解决一些配置问题。它的默认值为""，这意味着 server 部分没有 server_name 指令，对于没有设置 Host 头字段的请求，它将会匹配该 server 处理。这种情况可用于如丢弃这种缺乏 Host 头的请求。

```
server {

    listen 80;

    return 444;
}
```

在这个例子中，使用的 HTTP 非标准代码 444 将会使得 Nginx 立即关闭一个连接。

除了普通的字符串之外，Nginx 也接受通配符作为 server_name 指令的参数。

- ◆ 通配符可以替代部分子域名：*.example.com。
- ◆ 通配符可以替代部分顶级域：www.example.*。
- ◆ 一种特殊形式将匹配子域或域本身：.example.com（匹配*.example.com 也包括 example.com）。

通过在域名前面加上波浪号（～），正则表达式也可以被作为参数应用于 server_name。

```
server_name ~^www\.example\.com$;
server_name ~^www(\d+).example\.(com)$;
```

后一种形式是利用捕获，可以在以后引用中进一步配置（用$1、$2 等）指令中使用。

对于一个特定的请求，确定哪些虚拟服务器提供该请求的服务时，Nginx 应该遵循下面的逻辑。

1. 匹配 IP 地址和 listen 指令指定的端口。
2. 将 Host 头字段作为一个字符串匹配 server_name 指令。
3. 将 Host 头字段与 server_name 指令值字符串的开始部分做匹配。
4. 将 Host 头字段与 server_name 指令值字符串的结尾部分做匹配。
5. 将 Host 头字段与 server_name 指令值进行正则表达式匹配。
6. 如果所有 Host 头匹配失败，那么将会转向 listen 指令标记的 default_server。
7. 如果所有的 Host 头匹配失败，并且没有 default_server，那么将会转向第一个 server 的 listen 指令，以满足第 1 步。

这个逻辑体现在图 2-1 中。

参数 default_server 被用于处理其他没有被处理的请求。因此，总是明确地推荐设置 default_server，以便这些没有被处理的请求通过这种定义的方式处理。

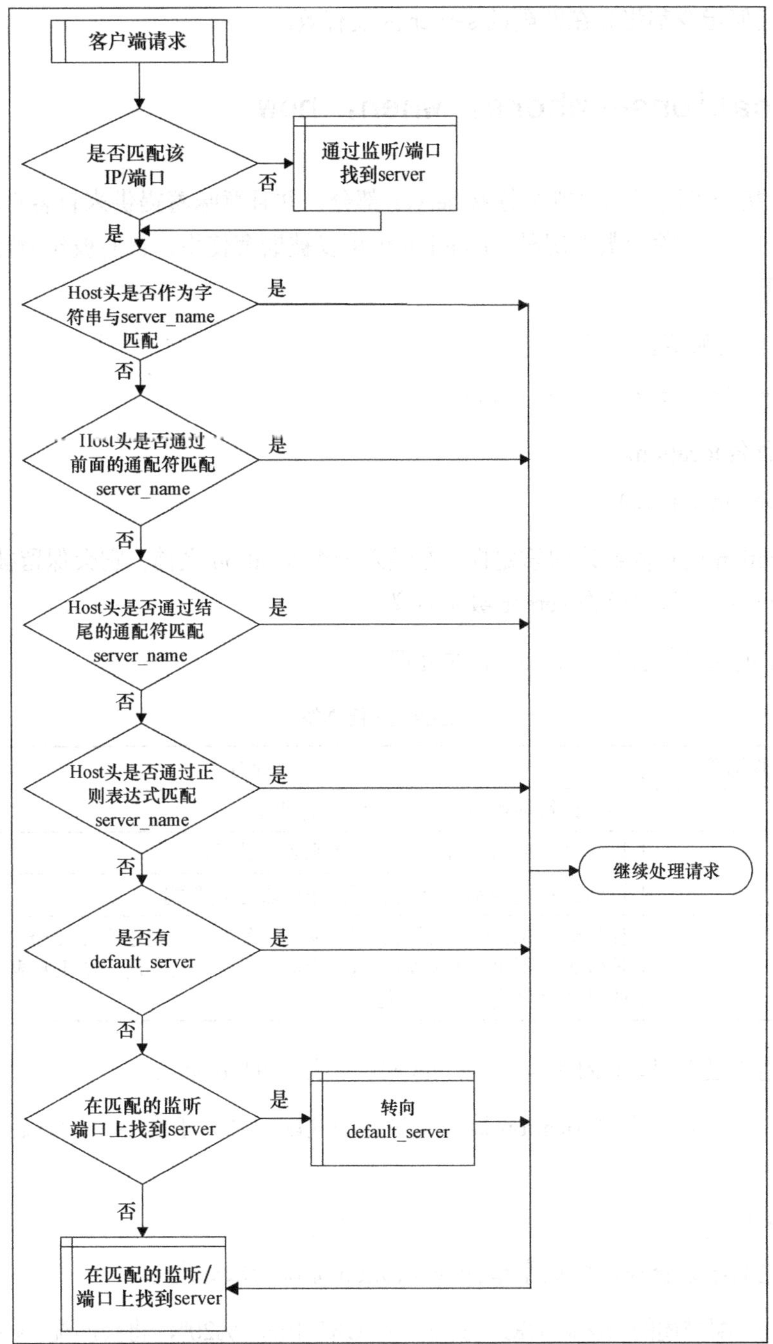

图 2-1　Host 头匹配流程图

除了这个用法外，default_server 也可以使用同样的 listen 指令配置若干个虚拟服务器。

这里设置的任何指令都将会在匹配的 server 区段有效。

2.6 Locations—where，when，how

location 指令可以用在虚拟服务器 server 部分，并且意味着提供来自客户端的 URI 或者内部重定向访问。除少数情况外，location 也可以被嵌套使用，它们被作为特定的配置尽可能地处理请求。

location 定义如下。

```
location [modifier] uri {...}
```

或者是命名 location。

```
location @name {…}
```

命名 location 仅对内部访问重定向，在进入一个 location 之前，它会保留被请求的 URI 部分。命名 location 只能够在 server 级别定义。

表 2-7 中的修饰符会影响 location 的处理。

表 2-7 location 修饰符

location 修饰符	处理方式
=	该修饰符使用精确匹配并且终止搜索
~	该修饰符使用区分大小写的正则表达式匹配
~*	该修饰符使用不区分大小写的正则表达式匹配
^~	如果该 location 是最佳的匹配，那么对于匹配这个 location 的字符串，该修饰符不再进行正则表达式检测。注意，这不是一个正则表达式匹配，它的目的是优先于正则表达式的匹配

当一个请求进入时，URI 将会被检测匹配一个最佳的 location。

- 没有正则表达式的 location 被作为最佳的匹配，独立于含有正则表达式的 location 顺序。
- 在配置文件中按照查找顺序进行正则表达式匹配。在查找到第一个正则表达式匹配之后结束查找。由这个最佳的 location 提供请求处理。

这里比较匹配描述的是解码 URI，例如，在 URI 中的 "%20"，将会匹配 location 中的 " "（空格）。

命名 location 仅可以在内部重定向的请求中使用。表 2-8 中的指令仅在 location 中使用。

表 2-8　仅用于 location 的指令

仅用于 location 的指令	说明
alias	该指令定义 location 的其他名字，在文件系统中能够找到。如果 location 指定了一个正则表达式，alias 将会引用正则表达式中定义的捕获。alias 指令替代 location 中匹配的 URI 部分，没有匹配的部分将会在文件系统中搜索。当配置改变一点，配置中使用 alias 指令则会有脆弱的表现，因此推荐使用 root，除非是为了找到文件而需要修改 URI
internal	该指令指定一个仅用于内部请求的 location（其他指定定义的重定向、rewrite 请求、error 请求等）
limit_except	该指令限定一个 location 可以执行的 HTTP 操作（GET 也包括 HEAD）

另外，http 部分的其他指令也可以在 location 中指定，附录 A 指令参考有完整列表。

指令 try_files 在这里也值得一提，它也可以用在 server 部分，但是最常见的还是在 location 部分中。try_files 指令将会按照给定它的参数列出顺序进行尝试，第一个被匹配的将会被使用。它经常被用于从一个变量去匹配一个可能的文件，然后将处理传递到一个命名 location，如下面的示例所示。

```
location / {

    try_files $uri $uri/ @mongrel;

}
location @mongrel {
    proxy_pass http://appserver;

}
```

在这里有一个隐含的目录索引，如果给定的 URI 作为一个文件没有被找到，那么处理将会通过代理被传递到 appserver。我们将会在本书的其他部分讨论如何最好地使用 location、try_files 和 proxy_pass 来解决特定的问题。

除以下前缀外，locations 可以被嵌套。

- 具有 "=" 前缀。
- 命名 location。

最佳实践表明正则表达式 location 被嵌套在基于字符串的 location 内，如下面的示例所示。

```
# first, we enter through the root
location / {
```

```
    # then we find a most-specific substring
    # note that this is not a regular expression
    location ^~ /css {

        # here is the regular expression that then gets matched
        location ~* /css/.*\.css$ {

        }

    }

}
```

2.7 完整的示例配置文件

下面是一个示例配置文件，它包括了本章讨论的各个不同方面。请注意，不要复制粘贴该示例配置文件。因为它很可能不是你需要的配置，该代码只是显示了一个完整配置文件的架构而已。

```
user www;

worker_processes 12;

error_log /var/log/nginx/error.log;

pid /var/run/nginx.pid;

events {

    use /dev/poll;

    worker_connections   2048;
}
http {

    include         /opt/local/etc/nginx/mime.types;

    default_type  application/octet-stream;

    sendfile on;
```

```
    tcp_nopush on;
    tcp_nodelay on;
    keepalive_timeout  65;
    server_names_hash_max_size 1024;
    server {
        listen 80;
        return 444;
    }
    server {
        listen 80;
        server_name www.example.com;
        location / {
            try_files $uri $uri/ @mongrel;
        }
        location @mongrel {
            proxy_pass http://127.0.0.1:8080;
        }
    }
}
```

2.8 小结

在本章，我们看到了如何构建 Nginx 的配置文件。模块化的本质值得思考，从某种意义上讲，Nginx 本身也是模块化的。全局的配置区段负责各个方面，对于 Nginx 来说是一个整体。Nginx 负责处理的每一种协议单独成为一个部分。我们还可以通过在这些协议配置内（http 或者 mail）指定 server 来定义每一个请求如何被处理，以便请求被路由到特定的 IP 地址和端口上。在 http 区段中，使用 locations 来匹配 URI 请求，这些 locations 可以被嵌套使用，或者按其他顺序使用，以确保请求被路由到正确的文件系统区域或者应用程序服务器。

本章没有涵盖编译到二进制 nginx 命令中各种模块提供的配置选项，这些额外的指令将会遍及本书的始终，因此特定的模块被用于解决一个问题。对于 Nginx 配置中的变量也没有解释，这些变量也将会在本书后边的内容中讨论。本章的焦点是基于 Nginx 的基本配置。

在下一章中，我们探讨配置 Nginx 的 mail 模块以启用电子邮件代理。

第3章 使用 mail 模块

Nginx 设计为不但能够提供 Web 服务，而且还提供了邮件代理服务。在本章中，你将会学习到如何将 Nginx 配置为一个代理 POP3、IMAP 和 SMTP 的服务器。mail 模块对需要接受大量连接的用户很有用，然而，后端邮箱基础架构无法处理负载或者需要防止直接接入到 Internet。本章还包括一般用途的服务，如认证服务、缓存和解释日志文件等主题，即使电子邮件服务不能满足你的需求。

在下面的内容中，我们测试 Nginx 作为邮件服务代理服务器运行。本章包括以下部分。

- 基本代理服务。
- 认证服务。
- 与 memcached 结合。
- 解释日志文件。
- 操作系统限制。

3.1 基本代理服务

Nginx 的 mail 代理模块的前身是 FastMail。开发者们有必要为他们的用户提供一个单独的 IMAP 端点，而邮件用户账户在上游邮件服务器中的某一个服务器上。那时的典型代理程序是经典的 UNIX 派生模式，这意味着每一个连接都需要派生一个新的进程。IMAP 连接非常持久，这就意味着这些进程将会在系统中停留很长时间，这将会导致代理服务器非常缓慢，因为它们要管理这些进程每一个连接的生存期。对于这类服务，Nginx 基于事件进程模型更好一些。作为一个邮件代理，Nginx 能够直接投递到任何数量的 mailbox 服务中，这里的邮件账户是系统中实际的账户。这就提供了一个端点到用户的通信能力，通过缩放 mailbox 的数量决定用户的数量。无论是商业的，还是开源的邮件解决方案，例如，Atmail 和 Zimbra，都是建立在这种模型基础之上的。

图 3-1 将帮助你理解它是如何工作的。

每一个进入的请求将会基于相应的协议处理，mail 代理模块可能被配置为不同的协议 POP3、IMAP 或者 SMTP 方式，对于每一个协议，Nginx 需要一个用户名/密码的认证服务。如果认证成功，那么连接被代理到邮件服务器，在认证服务的响应中会指示具体的邮件服务器。如果认证不成功，那么客户端连接被终止。认证服务决定客户端使用 POP3、IMAP、SMTP 服务以及由哪一个邮件服务器提供访问。可能许多邮件服务器都使用这种方式，Nginx 可以通过一个中央网关为所有这些邮件服务器提供代理服务。

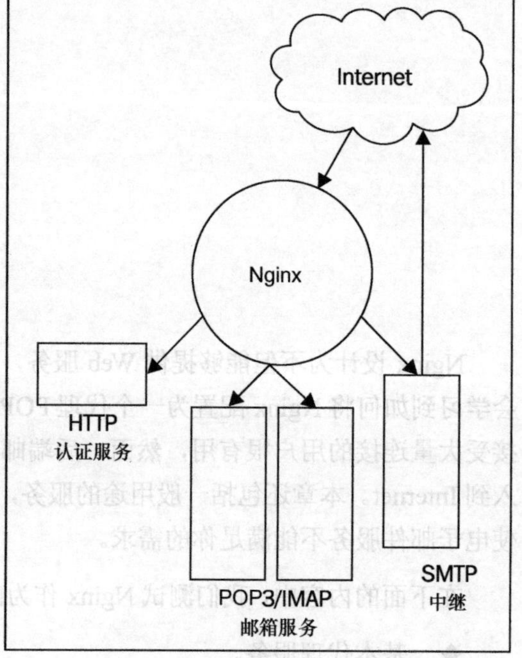

图 3-1　代理模块工作原理

代理的行为就是某人或者某事的代表，在这种情况下，Nginx 充当了邮件客户端，终结了客户端的连接并且打开一个新的到上游服务器的连接，这意味着在邮件客户端和实际的邮件 mailbox 服务器或者 SMTP 中继主机之间没有直接通信。

如果有任何基于信息邮件规则包含在客户端连接中，这些规则将不会工作，除非 mail 软件能够支持扩展，例如，SMTP 协议的 XCLIENT。

在设计一个架构中包含一个代理服务器是很重要的，代理服务器将会比一个典型的上游服务器支持更多的连接。作为一个 mailbox 服务器，并不是越多的处理器或者内存就越好，而是需要考虑账户的持续连接数。

3.1.1 mail 的 server 配置部分

mail 服务部分，或者是 mail 的配置内容部分，仅在构建 Nginx 时使用了 mail 模块（--with-mail）才有效。这一部分控制了 mail 模块的所有方面。

作为 mail 模块允许配置影响代理邮件连接的所有方面，也可以为每个 server 指定。这个 server 可以接受 listen 和 server_name 指令，这些指令我们在上一章的 http server 部分已经看过了。

Nginx 能代理 IMAP、POP3 和 SMTP 协议，表 3-1 列出了该模块有效的指令。

表 3-1　mail 模块指令

mail 模块指令	说明
auth_http	该指令指定提供的认证方式，用于 POP3/IMAP 用户认证使用。这个功能将会在本章中详细讨论
imap_capabilities	该指令指示后端服务器支持 IMAP4 功能
pop3_capabilities	该指令指示后端服务器支持 POP3 功能
protocol	该指令指示虚拟 server 支持的协议
proxy	该指令将会简单地启用或者禁用 mail 代理
proxy_buffer	该指令设置用于代理连接缓冲，在高于默认值时需要通过该指令设置
proxy_pass_error_message	在后端认证进程向客户端发出一个有用的错误消息的情况下，这个指令的设置很有用
proxy_timeout	如果超时且要超过默认的 24 个小时，那么该指令需要配置
xclient	SMTP 协议允许基于 IP/HELO/LOGIN 参数检查，它们通过 XCLIENT 命令传递。该指令使 Nginx 传递这种消息

如果 Nginx 在编译时支持了 SSL（--with-mail_ssl_module），那么表 3-2 所示指令在前面的 mail 模块中可以使用。

表 3-2　mail 模块的 SSL 指令

mail 模块的 SSL 指令	说明
ssl	该指令表明该部分支持 SSL 处理
ssl_certificate	该指令为该虚拟 server 指定 PEM 编码的 SSL 证书路径
ssl_certificate_key	该指令为该虚拟 server 指定 PEM 编码的 SSL 密码密钥
ssl_ciphers	该指令指定在该虚拟 server 中支持密码（OpenSSL 格式）
ssl_prefer_server_ciphers	该指令表明 SSLv3 和 TLSv1 服务器密码是客户端的首选
ssl_protocols	该指令指示使用的 SSL 协议
ssl_session_cache	该指令指定 SSL 缓存以及其是否应该在所有的 worker 进程中共享
ssl_session_timeout	该指令指定客户端能够使用多久相同的 SSL 参数，提供的参数被存储在该缓存中

3.1.2 POP3 服务

Post Office Protocol（POP3）是一个 Internet 标准协议，用于从 mailbox 邮件服务器上收取邮件。该协议当前的版本是 3，也就是 POP3。在一个会话中，邮件客户端通常会从邮箱服务器上获取所有新的邮件，然后关闭该连接。在关闭连接之后，邮箱服务器将会删除所有被标记为已收取的邮件。

为了将 Nginx 作为 POP3 代理，在 Nginx 的配置文件中需要配置一些基本的指令。

```
mail {
  auth_http localhost:9000/auth;

  server {
    listen 110;
    protocol pop3;
    proxy on;
  }
}
```

这个配置片段启用了 mail 模块，并且为它配置了 POP3 服务，查询认证服务运行在同一个机器的 9000 端口上，Nginx 将监听在所有本地 IP 地址的 110 端口上提供的 POP3 代理服务。你可能注意到，在这里我们没有配置实际的邮件服务器——认证服务的工作告诉 Nginx 一个特定的客户应该连接哪一个邮件服务器。

如果你的邮件服务器只能支持某些功能（或者你仅提供某种功能），Nginx 有足够的灵活性宣布这些功能。

```
mail {
  pop3_capabilities TOP USER;
}
```

capabilities 是一种用于可选的命令宣传方法，对于 POP3 来说，在认证前或者认证后，客户端可以请求支持 capabilities，所以在 Nginx 中正确地设置这些配置很重要。

你也可以指定支持哪一种认证方式。

```
mail {
  pop3_auth apop cram-md5;
}
```

如果支持 APOP 认证方法，认证服务需要将用户的密码以明文方式提供给 Nginx，因为它需要生成 MD5 摘要。

3.1.3　IMAP 服务

因特网消息访问协议（Internet Message Access Protocol，IMAP）也是一个 Internet 标准协议，用于从 mailbox 邮件服务器上获取邮件。相对于 POP 协议来说，IMAP 提供了相当多的扩展功能。典型的使用方法是将所有的邮件留在邮件服务器上，以便多个邮件客户端能够访问同一邮箱。这也意味着使用 IMAP 的客户端连接会比使用 POP3 的客户端连接到上游邮件服务器的连接数更多。

要代理 IMAP 连接，Nginx 的配置类似于前面对 POP3 的配置。

```
mail {
  auth_http localhost:9000/auth;

  imap_capabilities IMAP4rev1 UIDPLUS QUOTA;
  imap_auth login cram-md5;

  server {
    listen 143;
    protocol imap;
    proxy on;
  }
}
```

注意，我们不需要指定 protocol 指令，因为 imap 是默认值，在这里为了更清楚地描述就将其包含在内。

指令 imap_capabilities 和 imap_auth 类似于 POP3 相应的配置指令。

3.1.4　SMTP 服务

简单邮件传输协议（Simple Mail Transport Protocol，SMTP）是基于 Internet 的标准协议，用于从一个服务器到另一个服务器或者从客户端到服务器传输邮件。对于该协议，尽管在最初的设想中认证不在其中，但是仍能支持 smtp_auth 扩展。

正如你看到的，mail 模块的逻辑配置相当简单。对于 SMTP 代理的配置如下。

```
mail {
  auth_http localhost:9000/auth;

  smtp_capabilities PIPELINING 8BITMIME DSN;
  smtp_auth login cram-md5;
```

```
    server {
      listen 25;
      protocol smtp;
      proxy on;
    }
}
```

我们的代理服务器仅指明了 smtp_capabilities 的设置，否则仅会列出它接受的认证机制，因为在将 HELO/EHLO 命令发送到客户端时扩展列表将会被发送，对于代理多个 SMTP 服务器时，这种机制非常有用，每一个都有不同的 capabilities。你可以配置 Nginx 仅列出所有这些服务器共同的 capabilities。设置这些 SMTP 服务器自身扩展的支持很重要。

由于 smtp_auth 是 SMTP 的一个扩展，并且没有必要在每一个配置中支持，Nginx 能够代理一个没有经过认证的 SMTP 连接。在这种情况下，只有 SMTP 协议的 HELO、MAIL FROM 和 RCPT TO 部分用于认证服务，这个认证服务决定对于一个给定的客户端连接哪一个上游服务器应该被选择。要想设置这个功能，应确保 smtp_auth 指令的值为 none。

3.1.5 使用 SSL/TLS

如果你的组织需要对邮件流量进行加密，或者你自己想让邮件传输更安全，那么你可以令 Nginx 使用 TLS，在 POP3 上使用 SSL，在 IMAP 上使用 SSL，或者在 SMTP 上使用 SSL。要启用 TLS 支持，可以设置 starttls 指令启用 STLS/STARTTLS 支持，也可以设置 ssl 指令启用纯 SSL/TLS 支持，并且为你的站点配置适当的 ssl_*指令。

```
mail {
  # allow STLS for POP3 and STARTTLS for IMAP and SMTP
  starttls on;
  # prefer the server's list of ciphers, so that we may determine
  security
  ssl_prefer_server_ciphers on;
  # use only these protocols
  ssl_protocols TLSv1 SSLv3;
  # use only high encryption cipher suites, excluding those
  # using anonymous DH and MD5, sorted by strength
  ssl_ciphers HIGH:!ADH:!MD5:@STRENGTH;
  # use a shared SSL session cache, so that all workers can
  # use the same cache
  ssl_session_cache shared:MAIL:10m;
  # certificate and key for this host
  ssl_certificate /usr/local/etc/nginx/mail.example.com.crt;
```

```
    ssl_certificate_key /usr/local/etc/nginx/mail.example.com.key;
}
```

参考 https://www.fastmail.fm/help/technology_ssl_vs_tls_starttls.html，该页面描述了纯 SSL/TLS 连接和从纯连接升级到使用 SSL/TLS 加密连接之间的不同。

使用 OpenSSL 生成 SSL 证书

如果你在以前从来没有生成过 SSL 证书，那么可通过下面的步骤来帮助你创建一个证书。

创建证书请求。

```
$ openssl req -newkey rsa:2048 -nodes -out mail.example.
com.csr -keyout mail.example.com.key
```

这行代码应该会产生如下的输出：

```
Generating a 2048 bit RSA private key
..............................................
............................................++
+
....................+++
writing new private key to 'mail.example.com.key'
-----
You are about to be asked to enter information that will be
incorporated
into your certificate request.
What you are about to enter is what is called a
Distinguished Name or a DN.
There are quite a few fields but you can leave
some blank
For some fields there will be a default value,
If you enter '.', the field will be left blank.
-----
Country Name (2 letter code) [AU]:CH
State or Province Name (full name) [Some-State]:
Zurich
Locality Name (eg, city) []:ZH
Organization Name (eg, company) [Internet Widgits Pty
Ltd]:Example Company
Organizational Unit Name (eg, section) []:
Common Name (e.g. server FQDN or YOUR name)
```

```
[]:mail.example.
com
Email Address []:
Please enter the following 'extra' attributes
to be sent with your certificate request
A challenge password []:
An optional company name []:
```

完成以上步骤后将会得到这个 Certificate Signing Request—证书签名请求（mail.example.com.csr），证书签名是由 Certificate Authority—证书颁发机构授予的，例如，Verisign 或 GoDaddy，或者也可以自己签名。

```
$ openssl x509 -req -days 365 -in mail.example.
com.csr
-signkey mail.example.com.key -out mail.example.
com.crt
```

执行以上命令之后，应该有以下响应。

```
Signature ok
subject=/C=CH/ST=Zurich/L=ZH/O=Example
Company/CN=mail.
example.com
Getting Private key
```

请注意，一个自签名的证书将会在客户端连接到服务器时产生一个错误。如果你将这个证书部署在生产服务器上，那么要确保用权威认证机构签名。

下面的截图显示了签名证书。


```
-----BEGIN CERTIFICATE-----
MIIDPDCCAiQCCQDdPKFcY1X35jANBgkqhkiG9w0BAQUFADBgMQswCQYDVQQGEwJD
SDEPMA0GA1UECAwGWnVyaWNoMQswCQYDVQQHDAJaSDEYMBYGA1UECgwPRXhhbXBs
ZSBDb21wYW55MRkwFwYDVQQDDBBtYWlsLmV4YW1wbGUuY29tMB4XDTEyMDgzMTE0
MjczMloXDTEzMDgzMTE0MjczMlowYDELMAkGA1UEBhMCQ0gxDzANBgNVBAgMBlp1
cmljaDELMAkGA1UEBwwCWkgxGDAWBgNVBAoMD0V4YW1wbGUgQ29tcGFueTEZMBcG
A1UEAwwQbWFpbC5leGFtcGxlLmNvbTCCASIwDQYJKoZIhvcNAQEBBQADggEPADCC
AQoCggEBAN8WUGzQIKR+iuTxtLPko/zSR+DbjDYqbMo4PdNvEN46nTFMkktv0sIk
1kfk9l2jzVcmUUSZayLp3woDgxRpkpQ5eRpB7yeifsZwPJlXfVPTgfXtQkktfPVn
uz0Mf70gd2Xt8uI6n0At0DAr8+CxebIpRwIwZBXPrWwFFjQvy4/qD7EXs33+x5U8
9CMxkGo2FPqCSYE39jN3JtIZ9YibnZh01NALHRvnqyw3mdzR340mu5WNFjl/NElp
M0yFL7+5wzI4ktgmAo+Mic6JnXC0bSjrL1xZjWfn/5TQiYQVzUit4jd1CswWtCHw
tv67TRQ3edgvssvzfZlm7QfBbdYGjkUCAwEAATANBgkqhkiG9w0BAQUFAAOCAQEA
TDfdngMRk2w/1KCGbxrg9bVmfKXUSIfpWyt0hGO2EtLx83TZajqwt0KhmPh9Q/lc
GZdF1PGscdJ2Bc0eJBUGyt6mevEi2Dg4h727yVvnacnViQvzyLxQgmeC5rDEj4EC
yDzzi4n0I/rddjPeQ0+cMFHz26scsKYoRemzp0yHT8JhK8AF2i0ioLzwaMqxC+ll
U7lkinHdTaG6nT4WpH05HtSBno8Xco/ujY6xIrShiP0na0d/B4TRCmB96KYhyMdd
Ayr0ZgLqsskKeAlnmuSJA/7zbp1LwHarvUVFpzKed73554lfJ5kpy0ciHrIfyj/2
dM/tjsDVjpE2B/meYBx8Kg==
-----END CERTIFICATE-----
```

3.1.6　完整的 mail 示例

Nginx 的 mail 服务通常和网关组合在一起，下面的配置文件中启用了 Nginx 作为 POP3、IMAP 和 SMTP（也包括它们的加密变种）服务，并且由同一个认证服务完成，使用 STLS/STARTTLS 在一个非加密的端口上为客户提供验证。

```
events {
  worker_connections 1024;
}

mail {
  server_name mail.example.com;
  auth_http localhost:9000/auth;

  proxy on;

  ssl_prefer_server_ciphers on;
  ssl_protocols TLSv1 SSLv3;
  ssl_ciphers HIGH:!ADH:!MD5:@STRENGTH;
  ssl_session_cache shared:MAIL:10m;
  ssl_certificate /usr/local/etc/nginx/mail.example.com.crt;
  ssl_certificate_key /usr/local/etc/nginx/mail.example.com.key;

  pop3_capabilities TOP USER;
  imap_capabilities IMAP4rev1 UIDPLUS QUOTA;
  smtp_capabilities PIPELINING 8BITMIME DSN;

  pop3_auth apop cram-md5;
  imap_auth login cram-md5;
  smtp_auth login cram-md5;

  server {
    listen 25;
    protocol smtp;
    timeout 120000;
  }
  server {
    listen 465;
    protocol smtp;
    ssl on;
  }
  server {
```

```
    listen 587;
    protocol smtp;
    starttls on;
  }
  server {
    listen 110;
    protocol pop3;
    starttls on;
  }
  server {
    listen 995;
    protocol pop3;
    ssl on;
  }
  server {
    listen 143;
    protocol imap;
    starttls on;
  }
  server {
    listen 993;
    protocol imap;
    ssl on;
  }
}
```

正如你看到的，在 mail 部分的顶部我们声明了该服务器的名字，这是因为我们想让每一个 mail 服务的地址都是 mail.example.com。即使运行 Nginx 的实际服务器名字不同，每一个邮件服务器都有自己的名字，对于我们的用户而言，这个代理应该是一个单一的入口点。该主机名字将会被 Nginx 在任何需要出现自己名字的地方使用，例如，在初始化 SMTP 服务器欢迎辞时使用。

在 SMTP 服务器中使用了 timeout 指令，这是为了双倍默认值，因为我们知道这个特定的上游服务器 SMTP 中继主机中插入了一个人为的延时，目的在于阻止尝试从本服务器上发送垃圾邮件。

3.2 认证服务

在前面的章节中，我们已经好几次提到过认证服务，但究竟什么是身份认证服务以及它有什么作用呢？当一个用户向 Nginx 发出一个 POP3、IMAP 或者 SMTP 请求时，验证连接是第一步，Nginx 本身不会执行这种认证，而是向认证服务发送一个查询以便满足这个请求。然后，Nginx 使用这个来自于认证服务的响应向上游的邮件服务器发送连接。

这个认证服务可以用任何语言编写，它只要符合 Nginx 需要的认证协议就可以，该协议非常类似于 HTTP，因此我们很容易写成我们自己的认证服务。

在向认证服务的请求中，Nginx 将会发送以下请求头。

- `Host`
- `Auth-Method`
- `Auth User`
- `Auth-Pass`
- `Auth-Salt`
- `Auth-Protocol`
- `Auth-Login-Attempt`
- `Client-IP`
- `Client-Host`
- `Auth-SMTP-Helo`
- `Auth-SMTP-From`
- `Auth-SMTP-To`

它们中每一个头的意义，从其字面就可以很明确地看出来，它们中的每一个头也不是在每一个请求中都需要出现。在编写我们的认证服务时，我们将用到这些头。

我们选择 Ruby 作为这种身份认证服务的实现，如果你当前的系统中没有安装 Ruby，也不用担心。Ruby 作为一种语言非常容易阅读，因此只需要按照下面被注释的代码来进行即可。调整这些变量来适应你的环境，并且在本书的范围内运行它。如果想编写自己的身份认证服务，这个例子会给你一个很好的起点。

对于安装 Ruby，可以参考一个好的资源 https://rvm.io，它可以帮助你安装 Ruby。

首先让我们检验 HTTP 请求/响应对话中的请求部分。我们先从 Nginx 发送的这些头来收集这些值。

```
# the authentication mechanism
meth = @env['HTTP_AUTH_METHOD']
# the username (login)
user = @env['HTTP_AUTH_USER']
# the password, either in the clear or encrypted,
  depending on the
# authentication mechanism used
pass = @env['HTTP_AUTH_PASS']
# need the salt to encrypt the cleartext password, used for some
# authentication mechanisms, not in our example
salt = @env['HTTP_AUTH_SALT']
# this is the protocol being proxied
proto = @env['HTTP_AUTH_PROTOCOL']
# the number of attempts needs to be an integer
attempt = @env['HTTP_AUTH_LOGIN_ATTEMPT'].to_i
# not used in our implementation, but these are
  here for reference
client = @env['HTTP_CLIENT_IP']
host = @env['HTTP_CLIENT_HOST']
```

符号@简介

符号@在 Ruby 中表示一个类变量。我们将在我们的例子中使用这些变量以便使得传递变量更容易。在前面的片段中，我们应用了环境变量（@env）发送请求 Rack。除了所有我们需要的 HTTP 头外，环境变量包含的额外信息依赖于正在运行的服务是如何运行的。

现在我们知道了如何处理 Nginx 可能发送的每一个头，我们需要通过这些头来做些其他事情，并且发送 Nginx 响应。下列头来自于认证服务的响应头，如下所示：

- Auth-Status：在这个头中，除 OK 之外任何其他的信息都是错误的。
- Auth-Server：这是一个用于代理连接的 IP 地址。
- Auth-Port：这是一个用于代理连接的端口。
- Auth-User：这是一个用于邮件服务器认证的用户名称
- Auth-Pass：用于认证的邮局协议（Authenticated Post Office Protocol，APOP）的明文密码。

- Auth-Wait：这是一个用于在下一次尝试认证之前等待的秒数。
- Auth-Error-Code：这是一个用于向客户端返回的错误代码。

在这些头中，最常使用的有 3 个：Auth-Status、Auth-Server 和 Auth-Port。对于一个成功认证的会话中，在响应中这些头通常都需要存在。

正如我们在下面片段中看到的，其他的头也可能被使用，具体要视情况而定。响应本身是由发送的相关头组成，并且这些头使用适当值来取代。

我们首先检查是否已经尝试过多次。

```
# fail if more than the maximum login attempts are tried
if attempt > @max_attempts
@res["Auth-Status"] = "Maximum login attempts exceeded"
return
end
```

然后返回适当的头，并且按照我们认证机制获取的值设置这个头的值。

```
@res["Auth-Status"] = "OK"
@res["Auth-Server"] = @mailhost
# return the correct port for this protocol
@res["Auth-Port"] = MailAuth::Port[proto]
# if we're using APOP, we need to return the password in
  cleartext
if meth == 'apop' && proto == 'pop3'
@res["Auth-User"] = user
@res["Auth-Pass"] = pass
end
```

如果认证检查失败，我们需要告诉 Nginx。

```
# if authentication was unsuccessful, we return an appropriate
  response
@res["Auth-Status"] = "Invalid login or password"
# and set the wait time in seconds before the client may make
# another authentication attempt
@res["Auth-Wait"] = "3"
# we can also set the error code to be returned
  to the SMTP client
@res["Auth-Error-Code"] = "535 5.7.8"
```

在响应中不是每一个头都需要，但是正如我们看到的，这些头依赖于查询认证的状态以及任何存在的错误条件。

对于 Auth-User，一个有趣应用是在请求中，相对于一个给定的用户名返回一个不同的用户名。这个证明是有用的，例如，在将一个旧的接受无域用户的上游邮件服务器合并到一个新的需要域用户名的上游邮件服务器。Nginx 再连接到上游服务器时，它将使用这个用户名。

身份认证数据库可以是任何一种格式，如纯文本格式、LDAP 目录数据库、关系型数据库。没有必要使用和邮件服务相同的存储来访问这些信息，但是应该使用同步存储以便阻止由于过期数据造成的任何错误。

本书示例使用了简单的哈希认证数据库。

```
@auths = { "test:1234" => '127.0.1.1' }
```

该用户验证机制是一个简单的哈希查询。

```
# this simply returns the value looked-up by the 'user:pass' key
if @auths.key?("#{user}:#{pass}")
@mailhost = @auths["#{user}:#{pass}"]
return true
# if there is no such key, the method returns false
else
return false
end
```

将这 3 部分组合在一起，我们将得到一个完整的认证服务。

```
#!/usr/bin/env rackup

# This is a basic HTTP server, conforming to the authentication
  protocol
# required by NGINX's mail module.
#
require 'logger'
require 'rack'

module MailAuth

# setup a protocol-to-port mapping
Port = {
  'smtp' => '25',
  'pop3' => '110',
  'imap' => '143'
```

```
}

class Handler

def initialize
# setup logging, as a mail service
@log = Logger.new("| logger -p mail.info")
# replacing the normal timestamp by the service name and pid
@log.datetime_format = "nginx_mail_proxy_auth pid: "
# the "Auth-Server" header must be an IP address
@mailhost = '127.0.0.1'
# set a maximum number of login attempts
@max_attempts = 3
# our authentication 'database' will just be a fixed hash for
  # this example
# it should be replaced by a method to connect to LDAP or a
  # database
@auths = { "test:1234" => '127.0.1.1' }
end
```

在前面的设置及模块初始化完成之后，我们需要告诉 Rack（我们用来运行此服务的中间件服务器）处理哪些请求，并且定义一个 get 方法响应来自 Nginx 的请求。

```
def call(env)
# our headers are contained in the environment
@env = env
# set up the request and response objects
@req = Rack::Request.new(env)
@res = Rack::Response.new
# pass control to the method named after the HTTP verb
# with which we're called
self.send(@req.request_method.downcase)
# come back here to finish the response when done
@res.finish
end

def get
# the authentication mechanism
meth = @env['HTTP_AUTH_METHOD']
# the username (login)
user = @env['HTTP_AUTH_USER']
# the password, either in the clear or encrypted, depending on
# the authentication mechanism used
pass = @env['HTTP_AUTH_PASS']
```

```
# need the salt to encrypt the cleartext password, used for some
# authentication mechanisms, not in our example
salt = @env['HTTP_AUTH_SALT']
# this is the protocol being proxied
proto = @env['HTTP_AUTH_PROTOCOL']
# the number of attempts needs to be an integer
attempt = @env['HTTP_AUTH_LOGIN_ATTEMPT'].to_i
# not used in our implementation, but these are here for
  reference
client = @env['HTTP_CLIENT_IP']
host = @env['HTTP_CLIENT_HOST']

# fail if more than the maximum login attempts are tried
if attempt > @max_attempts

@res["Auth-Status"] = "Maximum login attempts exceeded"
return
end

# for the special case where no authentication is done
# on smtp transactions, the following is in nginx.conf:
# smtp_auth none;
# may want to setup a lookup table to steer certain senders
# to particular SMTP servers
if meth == 'none' && proto == 'smtp'
helo = @env['HTTP_AUTH_SMTP_HELO']
# want to get just the address from these two here
from = @env['HTTP_AUTH_SMTP_FROM'].split(/: /)[1]
to = @env['HTTP_AUTH_SMTP_TO'].split(/: /)[1]
@res["Auth-Status"] = "OK"
@res["Auth-Server"] = @mailhost
# return the correct port for this protocol
@res["Auth-Port"] = MailAuth::Port[proto]
@log.info("a mail from #{from} on #{helo} for #{to}")
# try to authenticate using the headers provided
elsif auth(user, pass)
@res["Auth-Status"] = "OK"
@res["Auth-Server"] = @mailhost
# return the correct port for this protocol
@res["Auth-Port"] = MailAuth::Port[proto]
# if we're using APOP, we need to return the password in
  cleartext
if meth == 'apop' && proto == 'pop3'
```

```
@res["Auth-User"] = user
@res["Auth-Pass"] = pass
end
@log.info("+ #{user} from #{client}")
# the authentication attempt has failed
else
# if authentication was unsuccessful, we return an appropriate
  response
@res["Auth-Status"] = "Invalid login or password"
# and set the wait time in seconds before the client may make
# another authentication attempt
@res["Auth-Wait"] = "3"
# we can also set the error code to be returned to the SMTP
  client
@res["Auth-Error-Code"] = "535 5.7.8"
@log.info("! #{user} from #{client}")
end

end
```

下面的部分声明了一个 private，以保证只有这个类才能够使用先使用后声明的方法。auth 方法是认证服务的主力，用于检查用户名和密码的合法性。method_missing 方法用于处理无效的方法，通过 Not Found 错误消息响应。

```
private

# our authentication method, adapt to fit your environment
def auth(user, pass)
# this simply returns the value looked-up by the 'user:pass' key
if @auths.key?("#{user}:#{pass}")
@mailhost = @auths["#{user}:#{pass}"]
return @mailhost
# if there is no such key, the method returns false
else
return false
end
end

# just in case some other process tries to access the service
# and sends something other than a GET
def method_missing(env)
@res.status = 404
end
```

```
end # class MailAuthHandler
end # module MailAuth
```

这是最后一个部分，它设置服务运行并且将/auth URI 路由到适当的处理程序。

```
# setup Rack middleware
use Rack::ShowStatus
# map the /auth URI to our authentication handler
map "/auth" do
run MailAuth::Handler.new
end
```

这个列表可以保存为文件 nginx_mail_proxy_auth.ru，并且通过-p <port>参数告诉它应该在哪一个端口运行。关于 Rack 服务接口更多的选项和更多的信息，可以访问 https://rack.github.io。

3.3 与 memcached 结合

根据客户端访问代理服务器上邮件服务的频率以及认证服务的有效资源的多少，你可以在构建中引入缓存层。为此，我们可以将 memcached 作为内存存储用于身份认证信息的缓存存储。

Nginx 能够在 memcached 中查找 key，但是仅能够在 http 模块的 location 层面使用。因此，我们将不得不在 Nginx 之外实现自己的缓存层。

如图 3-2 所示，我们首先检测这个用户名/密码组合是否存储在缓存中，如果没有，我们将从认证存储中查询这些信息，并且将会在缓存中存储 key/value 值对，如果有，我们将直接从缓存中获取该信息。

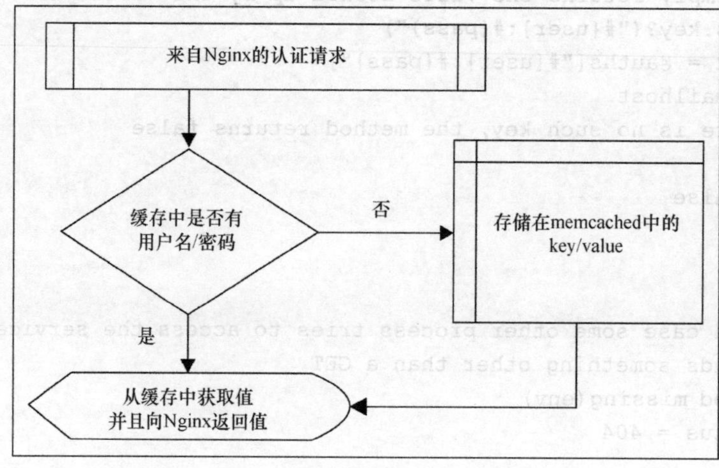

图 3-2　流程图

Zimbra 创建了 memcached 模块用于 Nginx，可以直接用在 Nginx 的配置中，但是到现在为止，这个代码还没有被 Nginx 官方纳入到 Nginx 的源代码中。

下面的代码通过一个缓存层（很显然，我们的这种做法有点过头，但是这也为网络认证数据库提供了一个基础）扩展了原始的认证服务。

```
# gem install memcached (depends on libsasl2 and gettext
  libraries)
require 'memcached'

# set this to the IP address/port where you have memcached running
@cache = Memcached.new("localhost:11211")

def get_cache_value(user, pass)
resp = ''
begin
# first, let's see if our key is already in the cache
resp = @cache.get("#{user}:#{pass}")
rescue Memcached::NotFound
# it's not in the cache, so let's call the auth method
resp = auth(user, pass)
# and now store the response in the cache, keyed on 'user:pass'
@cache.set("#{user}:#{pass}",resp)
end
# explicitly returning the response to the caller
return resp
end
```

为了使用这个代码，你需要安装和运行 memcached。在你的系统中，应该有一个预生成的安装包。

◆ Linux（基于 deb）

```
sudo apt-get install memcached
```

◆ Linux（基于 rpm）

```
sudo yum install memcached
```

◆ FreeBSD

```
sudo pkg_add -r memcached
```

memcached 命令配置简单，在运行时通过给它传递参数就可以了，没有可以直接读取的配置文件，但是有可能你的操作系统、包管理器已经提供了一个包含了传递这些参数的文件。

memcached 最重要的参数如下。

- `-l`：该参数用于指定一个 IP 地址，memcached 将会在该地址上监听（默认为所有的 IP 地址）。需要注意的是，安全最重要。memcached 不应该监听一个从互联网得到的地址，因为它没有认证。
- `-m`：该参数指定了缓存使用的内存（单位为 MB）。
- `-c`：该参数指定了并发连接的最大数量（默认为 1024）。
- `-p`：该参数指定了 memcached 监听的端口号（默认端口为 11211）。

你需要为这些参数设置一个合理的值使 memcached 启动和运行。

现在，在 nginx_mail_proxy_auth.ru 服务中通过 elsif get_cache_value（user，pass）替换 elsif auth（user，pass），在缓存层将会有一个认证服务运行，从而帮助提供更多的请求并提高速度。

3.4 解释日志文件

什么时候系统工作得不理想，日志文件就可提供一些最好的线索记录。根据配置日志的详细级别，以及 Nginx 是否在编译时支持调试（--enable-debug），日志文件将会帮助你理解在一个特定的会话中进行什么操作。

在错误日志中，每一行对应于一个特定的日志级别，通过配置使用 error_log 指令实现。不同的日志级别有 debug、info、notice、warn、error、crit、alert 和 emerg，这个顺序是按重要程度递增。配置一个特定的级别将包含本级别所有以上更严重级别的信息，默认的日志级别是 error。

在 mail 模块的配置区段中，我们通常会将日志的级别配置为 info，以便我们在无须配置调试日志的情况下获取更多有关特定会话的信息。在这种环境中，调试日志仅对跟随函数入口或者查看特定连接中使用的密码才有用。

> 邮件系统非常依赖于正确的 DNS，因此被跟踪的许多错误是无效的 DNS 或者是过期的缓存信息。如果你认为可能是由于名字解析造成的错误，那么通过配置调试日志 Nginx 能够告诉你一个特定的主机名是什么样的 IP 地址。不幸的是，如果最初编译时不支持调试，那么这需要重新编译你的 nginx 二进制。

一个典型的使用 POP3 会话的代理连接，日志记录如下。

首先，客户端与代理建立连接。

```
<timestamp> [info] <worker pid>#0: *<connection id> client <ip address>
connected to 0.0.0.0:110
```

然后，一旦客户端成功地完成登录后，一个声明列表记录会记录所有相关的登录连接信息。

```
<timestamp> [info] <worker pid>#0: *<connection id> client logged in,
client: <ip address>, server: 0.0.0.0:110, login: "<username>", upstream:
<upstream ip>:<upstream port>, [<client ip>:<client port>-<local ip>:110]
<=> [<local ip:<high port>-<upstream ip>:<upstream port>]
```

你可能注意到该会话中的双向箭头<=>，双向箭头前涉及了客户端到代理的双方连接，而双向箭头后涉及的是代理到上游服务器之间的连接。一旦会话结束，该信息还会重复报告一次。

```
<timestamp> [info] <worker pid>#0: *<connection id> proxied session done,
client: <ip address>, server: 0.0.0.0:110, login: "<username>", upstream:
<upstream ip>:<upstream port>, [<client ip>:<client port>-<local ip>:110]
<=> [<local ip:<high port>-<upstream ip>:<upstream port>]
```

在这种方式下，我们看到了会话连接的双方使用的端口号，帮助调试任何潜在的问题或者可能出现在防火墙日志中的条目。

info 级别的其他日志条目涉及超时，以及客户端或者上游服务器发送的无效命令、响应。

warn 级别的日志条目典型配置错误如下。

```
<timestamp> [warn] <worker pid>#0: *<connection id> "starttls" directive
conflicts with "ssl on"
```

在 error 级别日志记录中，许多错误指示着是认证服务的错误。在下列条目中，你将会注意到 while in http auth state 文本，这表明这是在连接时发生的错误。

```
<timestamp> [error] <worker pid>#0: *<connection id> auth http server
127.0.0.1:9000 timed out while in http auth state, client: <client ip>,
server: 0.0.0.0:25

<timestamp> [error] <worker pid>#0: *<connection id> auth http server
127.0.0.1:9000 sent invalid response while in http auth state, client:
<client ip>, server: 0.0.0.0:25
```

如果由于任何原因查询没有成功回答，那么连接将会被终止。Nginx 不知道哪一个上游服务器代理了这个客户端，因此关闭了这个连接，发送出 Internal server error 的消息，并且给出了协议具体规定的响应代码。

根据当前是否是该用户，这个信息将出现在日志中，下面的这个条目来自于 SMTP 认证连接。

```
<timestamp> [error] <worker pid>#0: *<connection id> auth http server
127.0.0.1:9000 did not send server or port while in http auth state,
client: <client ip>, server: 0.0.0.0:25, login: "<login>"
```

注意，在日志记录中前面的两个条目登录信息丢失。

一个 alert 级别的日志信息将指示 Nginx 不能设置期望的参数，否则会正常工作。

还是配置必须更改，emerg 级别的任何日志条目将会阻止 Nginx 启动无论问题必须纠正。如果 Nginx 已经运行，它将不能重新启动任何 worker 进程，直到它做出改变。

```
<timestamp> [error] <worker pid>#0: *<connection id> no "http_auth" is
defined for server in /opt/nginx/conf/nginx.conf:32
```

在这里，我们需要使用 http_auth 指令定义一个认证服务。

3.5 操作系统限制

你可能遇到过 Nginx 运行不理想的情况，要么是连接数被丢弃，要么是在日志文件中记录了警告信息。这就需要知道操作系统限制了什么，如何调整它们使得你的 Nginx 服务器获取更好的性能。

在这方面，一个邮件代理最有可能遇到的问题是连接的限制。为了理解其中的含义，你首先要知道 Nginx 如何处理客户端的连接。Nginx 的 master 进程启动一定数量的 worker 进程，每一个 worker 进程都单独运行，每一个 worker 进程能够处理一定数量的连接，通过 worker_connections 指令设置处理连接数。每一个被代理的连接，Nginx 打开一个新的连接到邮件服务器，这些连接中的每一个连接需要一个文件描述符和一个 IP/端口组合，这些组合来自于临时端口范围内新的 TCP 端口（参考下面的解释）。

依赖于你的操作系统，在一个资源文件中打开文件描述符的最大数量是可以调整的，或者是发送信号到资源管理进程。在命令提示符上，你可以通过输入以下命令来查看系统中当前的值。

```
ulimit -n
```

如果通过你的计算，这个值太低，或者在错误日志中你看到 `worker_connections`

exceed open file resource limit 消息，你就会知道你需要增加这个值。首先，要在操作系统级别调整打开文件描述符的最大数量，针对运行 Nginx 的用户或者是全局调整。然后，在 nginx.conf 文件中 main 部分设置 worker_rlimit_nofile 指令为一个新的值。向 nginx 发送一个重新载入配置文件的信号（HUP），这样不用重新启动 Nginx 的主进程就会提升限制。

如果你观察到是由于现有的 TCP 端口耗竭而造成的连接限制，那么你需要增加临时端口范围。这是 TCP 端口范围，你的操作系统用于出栈连接，它的默认值为 5000，但是通常设置为 16384。

在各种操作系统下，如何扩大端口范围可参考 http://www.ncftp.com/ncftpd/doc/misc/ephemeral_ports.html，这里有一个好的描述。

3.6　小结

在这一章中，我们看到了 Nginx 代理 POP3、IMAP 和 SMTP 连接的配置，每一个协议可以单独配置，在上游服务器宣布支持各种能力。可以使用 TLS 加密邮件流量，并且给服务器提供一个适当的 SSL 证书。

身份验证服务是 mail 模块的基础，因为代理做不到。关于认证服务，我们用详细的例子概述了请求期望的需要和响应应该使用的格式，以这个为基础，你可以根据环境写一个认证服务。

了解如何解释日志文件是一个系统管理员可以学到的最有用的技能。Nginx 给出了相当详细的日志条目，但是有一点神秘。在单个连接的区段中知道哪里放置了各种条目，及时地查看 Nginx 的状态对于破解这点神秘很有帮助。

Nginx，类似于任何其他软件，运行在操作系统下。因此，了解 Nginx 在操作系统下如何降低操作系统的任何限制是非常有用的。如果不可能进一步降低限制，那么必须通过架构解决，可以通过多个服务器运行 Nginx，也可以使用其他技术减少对单个实例连接进程进行处理。

在下一章中，我们将会看到如何配置 Nginx 代理 HTTP 连接。

第 4 章 Nginx 作为反向代理

反向代理（reverse proxy）是一个 Web 服务器，它终结了客户端连接，并且生成了另一个新连接，新连接代表客户端向上游服务器（upstream server）生成连接。上游服务器被定义为一个 Nginx 产生连接"打通"了客户端请求的服务器。这些上游服务器采取各种形式，而 Nginx 可以采取不同的配置来处理它们。

有时候 Nginx 配置很难理解，这个你已经详细学习过了。不同的配置指令可用于完成类似的配置要求。有些选项真的不能使用，因为它们可能导致不期望的结果。

有时，一个上游服务器可能无法满足要求。Nginx 有能力直接从上游服务器，从本地磁盘，或作为一个完全不同服务器的网页重定向给客户投递一个错误的信息。

由于反向代理的性质，上游服务器不会直接从客户端获取信息。这些信息的某些部分，例如，客户端真实的 IP 地址，也包括跟踪请求，对于调试很重要。这些信息可能通过头的形式被传递到上游服务器。

本章将涵盖以下主题，在下面的内容中也包括一些代理模块的概述。

- ◆ 反向代理介绍。
- ◆ 上游服务器类型。
- ◆ 负载均衡。
- ◆ 转换"if"配置为更现代的处理。
- ◆ 使用错误文档处理上游问题。
- ◆ 确定客户端真实的 IP 地址。

4.1 反向代理简介

Nginx 能够作为一个反向代理来终结来自于客户端的请求，并且向上游服务器打开一个新请求。在这个处理的过程中，为了更好地响应客户端请求，该请求可以根据它的 URI、客户机参数或者一些其他的逻辑进行拆分。通过代理服务器，请求的原始 URL 中的任何部分都能够以这种方式进行转换。

代理到上游服务器的配置中，最重要的是 proxy_pass 指令。该指令有一个参数，URL 请求将会被转换，带有 URI 部分的 proxy_pass 指令将会使用该 URI 替代 request_uri 部分。例如，下面例子中的/uri，在请求传递到上游服务器时将会被替换为/newuri。

```
location /uri {

  proxy_pass http://localhost:8080/newuri;
}
```

然而，这个规则有两个例外的情况。首先，如果 location 定义了一个正则表达式，那么在 URI 部分没有转换发生。在这个例子中，URI /local 将被直接传递到上游服务器，而不会如期地转换为/foreign。

```
location ~ ^/local {

  proxy_pass http://localhost:8080/foreign;
}
```

第二个例外的情况，如果在 location 内有 rewrite 规则改变了 URI，那么 Nginx 使用这个 URI 处理请求，不再发生转换。在这例子中，URI 传递到上游服务器的将会是/index.php?page=<match>，这个<match>会是来自于括号中捕获的参数，而不是预期的/index，如 proxy_pass 指令指示的 URI 部分。

```
location / {

  rewrite /(.*)$ /index.php?page=$1 break;

  proxy_pass http://localhost:8080/index;
}
```

在 rewrite 指令中，break 标记用于立即停止 rewrite 模块的所有指令。

在这两种情况下，指令 proxy_pass 的 URI 部分是不相关的，因此这个配置需要完善。

```
location ~ ^/local {

  proxy_pass http://localhost:8080;
}

location / {

  rewrite /(.*)$ /index.php?page=$1 break;

  proxy_pass http://localhost:8080;
}
```

4.2 代理模块

表 4-1 总结了一些在代理模块中常用的指令。

表 4-1 Proxy 模块指令

Proxy 模块指令	说明
proxy_connect_timeout	该指令指明 Nginx 从接受请求到连接至上游服务器的最长等待时间
proxy_cookie_domain	该指令替代从上游服务器来的 Set-Cookie 头中的 domain 属性；domain 被替换为一个字符串、一个正则表达式，或者是引用的变量
proxy_cookie_path	该指令替代从上游服务器来的 Set-Cookie 头中的 path 属性；path 被替换为一个字符串、一个正则表达式，或者是引用的变量
proxy_headers_hash_bucket_size	该指令指定头名字的最大值
proxy_headers_hash_max_size	该指令指定从上游服务器接收到头的总大小
proxy_hide_header	该指令指定不应该传递给客户端头的列表
proxy_http_version	该指令指定用于同上游服务器通信的 HTTP 协议版本（keepalive 连接就使用 1.1）
proxy_ignore_client_abort	如果该指令设置为 on，那么当客户端放弃连接后，Nginx 将不会放弃同上游服务器的连接
proxy_ignore_headers	当处理来自于上游服务器的响应时，该指令设置哪些头可以被忽略
proxy_intercept_errors	如果启用该指令，Nginx 将会显示配置的 error_page 错误，而不是来自于上游服务器的直接响应
proxy_max_temp_file_size	在写入内存缓冲区时，当响应与内存缓冲区不匹配时，该指令给出溢出文件的最大值
proxy_pass	该指令指定请求被传递到的上游服务器，格式为 URL

续表

Proxy 模块指令	说明
proxy_pass_header	该指令覆盖掉在 proxy_hide_header 指令中设置的头，允许这些头传递到客户端
proxy_pass_request_body	如果设置为 off，那么该指令将会阻止请求体发送到上游服务器
proxy_pass_request_headers	如果设置为 off，该指令则会阻止请求头发送到上游服务器
proxy_read_timeout	该指令给出连接关闭前从上游服务器两次成功的读操作耗时。如果上游服务器处理请求比较慢，那么该指令应该将该值设置得高一些
proxy_redirect	该指令重写来自于上游服务器的 Location 和 Refresh 头，这对于某种应用程序框架非常有用
proxy_send_timeout	该指令指定在连接关闭之前，向上游服务器两次写成功的操作完成所需的时间长度
proxy_set_body	发送到上游服务器的请求体可能会被该指令的设置值修改
proxy_set_header	该指令重写发送到上游服务器头的内容，也可以通过将某种头的值设置为空字符，而不发送某种头的方法实现
proxy_temp_file_write_size	该指令限制在同一时间内缓冲到一个临时文件的数据量，以使得 Nginx 不会过长地阻止单个请求
proxy_temp_path	该指令设定临时文件的缓冲，用于缓冲从上游服务器来的文件，可以设定目录的层次

下面的配置文件将这些指令列在了一起，并保存在一个文件中，然后再包含在配置文件，与 proxy_pass 指令相同的 location 中。配置文件 proxy.conf 的内容如下所示。

```
proxy_redirect off;

proxy_set_header Host $host;

proxy_set_header X-Real-IP $remote_addr;

proxy_set_header X-Forwarded-For $proxy_add_x_forwarded_for;

client_max_body_size 10m;

client_body_buffer_size 128k;
proxy_connect_timeout 30;

proxy_send_timeout 15;

proxy_read_timeout 15;
```

```
proxy_send_lowat 12000;

proxy_buffer_size 4k;

proxy_buffers 32 4k;

proxy_busy_buffers_size 64k;

proxy_temp_file_write_size 64k;
```

我们设置了一些常用指令的值，这些指令是我们认为在反向代理环境中有用的。

- 因为在大多数情况下没有必要重写 location 头，将 proxy_redirect 指令设置为 off。
- 设置了 Host 头，因此上游服务器能够将请求映射到一个虚拟服务器，否则就使用用户输入的 URL 中的主机部分。
- X-Real-IP 头和 X-Forwarded-For 头有相似的目的，都用于转发连接客户端 IP 地址到上游服务器得到信息。
- $remote_addr 变量在 X-Real-IP 头内使用，就是 Nginx 接受客户端请求的 IP 地址。
- $proxy_add_x_forwarded_for 变量包含在 X-Forwarded-For 头中，它来源于客户端请求，跟随有$remote_addr 变量。
- client_max_body_size 指令，不是严格的代理模块指令。之所以在这里提到它，是因为它与代理配置相关。如果这个值设置得太低，将不能上传文件到上游服务器上。在设置这个指令的时候，需要注意的是通过 web 窗体上传的文件大小，通常要大于它在文件系统中的大小。
- 在建立与上游服务器初始连接的过程中，proxy_connect_timeout 指令表明了 Nginx 将会等待的时间长度。
- proxy_read_timeout 和 proxy_send_timeout 指令定义了 Nginx 同上游服务器连接成功的两次操作等待的时间。
- proxy_send_lowat 指令只在 FreeBSD 系统下有效，并且在该协议下传输数据之前指定套接字发送缓冲应该容纳的字节数。
- proxy_buffer_size、proxy_buffers 和 proxy_busy_buffers_size 指令将会在下一章详细讨论。总而言之，这些缓冲控制了 Nginx 如何快速地响应用户的请求。
- proxy_temp_file_write_size 指令控制 worker 进程阻塞后台数据的时间。值越大，

处理阻塞的时间越长。

这些指令被包含在如下所示的一个文件中，然后可以在同一个配置文件中多次使用。

```
location / {

  include proxy.conf;

  proxy_pass http://localhost:8080;
}
```

如果这些指令中存在一个不同于 include 文件中的值，那么可以通过在 location 部分明确设置覆盖掉原有的值。

```
location /uploads {

  include proxy.conf;

  client_max_body_size 500m;

  proxy_connect_timeout 75;

  proxy_send_timeout 90;

  proxy_read_timeout 90;

  proxy_pass http://localhost:8080;
}
```

在这里顺序很重要，如果在配置文件（或者 include）中有一个以上的同一个指令的配置，那么会使用最后定义的一个值。

4.3 带有 cookie 的遗留应用程序

你可能会发现，自己需要在一个共同的端点服务器后放置多个遗留应用程序。在它们是唯一应用程序的情况下，这些遗留应用程序是直接与客户端对话的。它们在自己的域设置了 cookies，并且假设它们总是通过/URL 到达。如果在这些服务器之前放置一个新的端点，这些假设将不再成立。下面的配置将重写 cookie 的域和路径，以便匹配新的应用端点。

```
server {

  server_name app.example.com;

  location /legacy1 {

    proxy_cookie_domain legacy1.example.com app.example.com;

    proxy_cookie_path $uri /legacy1$uri;

    proxy_redirect default;

    proxy_pass http://legacy1.example.com/;
}
```

> 这个$uri 变量的值已经包含了一个开始的斜线（/），因此在这里就没有必要再次重复使用它了。

```
  location /legacy2 {

    proxy_cookie_domain legacy2.example.org app.example.com;

    proxy_cookie_path $uri /legacy2$uri;

    proxy_redirect default;

    proxy_pass http://legacy2.example.org/;

  }

  location / {

    proxy_pass http://localhost:8080;

  }
}
```

4.4 upstream 模块

与 proxy 模块紧密搭配的是 upstream 模块。upstream 模块将会启用一个新的配置区段，在该区段定义了一组上游服务器。这些服务器可能被设置了不同的权重（权重越高的上游服务器将会被 Nginx 传递越多的连接），也可能是不同的类型（TCP 与 UNIX 域），也可能出于需要对服务器进行维护，故而标记为 down。

表 4-2 总结了 upstream 区段中的有效指令。

表 4-2　　upstream 模块指令

upstream 模块指令	说明
ip_hash	该指令通过 IP 地址的哈希值确保客户端均匀地连接所有服务器，键值基于 C 类地址
keepalive	该指令指定每一个 worker 进程缓存到上游服务器的连接数。在使用 HTTP 连接时，proxy_http_version 应该设置为 1.1，并且将 proxy_set_header 设置为 Connection ""
least_conn	该指令激活负载均衡算法，将请求发送到活跃连接数最少的那台服务器
server	该指令为 upstream 定义一个服务器地址（带有 TCP 端口号的域名、IP 地址，或者是 UNIX 域套接字）和可选参数。参数如下。 ◆ weight：该参数设置一个服务器的优先级优于其他服务器。 ◆ max_fails：该参数设置在 fail_timeout 时间之内尝试对一个服务器连接的最大次数，如果超过这个次数，那么就会被标记为 down。 ◆ fail_timeout：在这个指定的时间内服务器必须提供响应，如果在这个时间内没有收到响应，那么服务器将会被标记为 down 状态。 ◆ backup：一旦其他服务器宕机，那么仅有该参数标记的机器才会接收请求。 ◆ down：该参数标记为一个服务器不再接受任何请求

4.5　保持活动连接

keepalive 指令特别值得一提，Nginx 服务器将会为每一个 worker 进程保持同上游服务器的连接。在 Nginx 需要同上游服务器持续保持一定数量的打开连接时，连接缓存非常有用。如果上游服务器通过 HTTP 进行“对话”，那么 Nginx 将会使用 HTTP/1.1 协议的持久连接机制维护这些打开的连接。

该配置的一个示例如下所示。

```
upstream apache {

  server 127.0.0.1:8080;

  keepalive 32;
```

```
}

location / {

  proxy_http_version 1.1;

  proxy_set_header Connection "";

  proxy_pass http://apache;

}
```

在这个配置中，我们明确指定了 Nginx 要同运行在本机 8080 端口的 Apache 保持 32 个打开的连接。起初，Nginx 仅需要为每一个 worker 打开 32 个 TCP 握手连接，然后通过不发送 close 的 Connection 头保持这些连接的打开。使用了 proxy_http_version，并且指定了我们愿意使用 HTTP/1.1 同上游服务器进行通信。我们也通过 proxy_set_header 指令清除了 Connection 头的内容，因此我们没有直接代理客户端的连接属性。

如果需要多于 32 个连接，Nginx 当然会打开它们以便满足需要。在此后如果高峰已过，Nginx 将关闭最近最少使用的连接，以使得这个数回落到 32，正如我们在 keepalive 指令中指定的那样。

这种机制也能够被用在代理非 HTTP 连接中。在下面的例子中，我们展示了 Nginx 与两个 memcached 实例保持 64 个连接。

```
upstream memcaches {

  server 10.0.100.10:11211;

  server 10.0.100.20:11211;

  keepalive 64;

}
```

如果从默认的轮询（round-robin）负载均衡算法切换为 ip_hash 或者 least_conn，那么我们需要在使用 keepalive 指令之前指定负载均衡算法。

```
upstream apaches {

  least_conn;

  server 10.0.200.10:80;
```

```
  server 10.0.200.20:80;

  keepalive 32;

}
```

4.6　上游服务器的类型

上游服务器是 Nginx 代理连接的一个服务器，它可以是不同的物理机器，也可以是虚拟机，但是并不是必须如此。上游服务器可以是一个在本地机器上监听 UNIX 域套接字的机器，也可能是 TCP 监听的众多不同机器中的其中一员。它可能是拥有处理不同请求的多种模块的 Apache 服务器，或者是一个 Rack 中间件服务器，为 Ruby 应用程序提供 HTTP 接口，Nginx 可以为它们配置代理。

4.7　单个上游服务器

Apache Web 服务器采用的是常见的托管方案，提供静态文件以及解析多种类型的文件。大量的文档和 how-to（可以在线查找）帮助用户迅速建立并运行自己喜欢的 CMS。不幸的是，典型的 Apache 配置由于资源限制无法同时处理更多的请求。然而，Nginx 被设计为处理这种类型的流量，使用很少的资源并且表现得很好。大多数 CMS 预配置为 Apache，集成使用了.htaccess 文件扩展配置，因此使用 Nginx 的长处就是通过代理来连接 Apache 实例。

```
server {

  location / {

    proxy_pass http://localhost:8080;

  }

}
```

可能这是一个最基本的代理配置，Nginx 将会终止所有的客户端连接，然后将代理所有请求到本地主机的 TCP 协议的 8080 端口上。此处我们假设 Apache 已配置为在 localhost:8080 上监听。

像这样的典型配置通常还需要扩展，以便让 Nginx 直接提供任何静态文件，然后代理服务器将剩余的请求发送到 Apache。

```
server {

  location / {

    try_files $uri @apache;

  }

  location @apache {
    proxy_pass http://127.0.0.1:8080;
  }

}
```

指令 try_files（包括在 http core 模块内）意味着按顺序尝试，直到找到一个匹配为止。因此，在上面的例子中，Nginx 将会投递在根路径（/）中查找到的任何文件，这些文件与客户端给定的 URI 相匹配。如果没有找到任何匹配的文件，那么将会把请求代理到 Apache 并做进一步处理。在这里，我们使用了一个命名的 location，在本地请求尝试不成功时转至代理处理。

4.8　多个上游服务器

也可能需要配置 Nginx 将请求传递到多个上游服务器，这可以通过 upstream 来声明，定义多个 server 可以参考 upstream 中的 proxy_pass 指令。

```
upstream app {

  server 127.0.0.1:9000;

  server 127.0.0.1:9001;

  server 127.0.0.1:9002;

}
server {
```

```
  location / {

    proxy_pass http://app;

  }

}
```

使用这个配置，Nginx 将会通过轮询的方式将连续的请求传递给 3 个上游服务器。在一个应用程序仅处理一个请求时，这个配置很有用。你希望 Nginx 使用这种方式处理客户端通信，以便应用程序不会过载。图 4-1 将阐释这个配置。

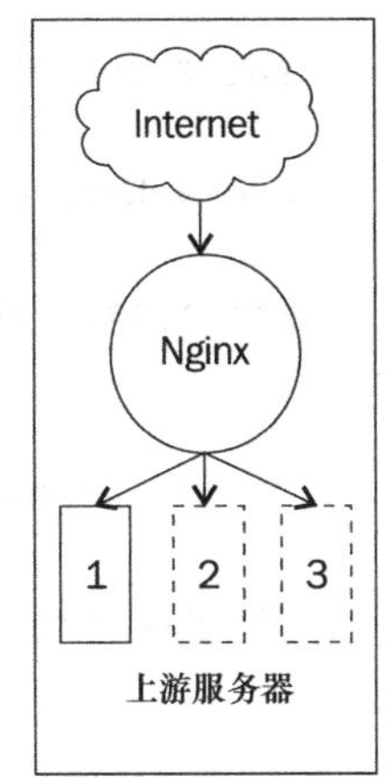

图 4-1 处理请求的配置示意图

在本章较后面的部分负载均衡算法一节，将会对其他有效的负载均衡算法进行详细描述。具体使用哪一种算法依赖于具体的使用环境。

如果一个客户端总是希望到达同一个上游服务器来改善传统的会话粘滞性（session- stickiness），则应该使用 ip_hash 指令。当发出的请求导致每一个请求的响应时间长短不一，那么应该选择使用 least_conn 算法。在一般情况下，默认的轮询算法使用无论是客户端，还是上游服务器端均勿需特别考量。

4.9 非 HTTP 型上游服务器

到目前为止，我们讨论的都是与上游服务器通过 HTTP 进行通信的情况，对于这种情况，我们使用了 proxy_pass 指令。正如本章前面暗示的，在保持活动连接部分，Nginx 能够将请求代理到不同类型的上游服务器，它们每一个都有相应的*_pass 指令。

4.9.1 Memcached 上游服务器

在 Nginx 中，memcached 模块（默认启用）负责与 memcached 守护进程通信。因此，客户端和 memcached 守护进程之间没有直接通信，也就是说，在这种情况下，Nginx 不是充当反向代理。memcached 模块使得 Nginx 使用 memcached 协议会话，因此，key 的查询能够在请求传递到应用程序服务器之前完成。

```
upstream memcaches {
```

```
    server 10.0.100.10:11211;

    server 10.0.100.20:11211;

  }

  server {

    location / {

      set $memcached_key "$uri?$args";

      memcached_pass memcaches;

      error_page 404 = @appserver;

    }
    location @appserver {

      proxy_pass http://127.0.0.1:8080;

    }

  }
```

memcached_pass 指令使用$memcached_key 变量实现 key 的查找。如果没有响应值（error_page 404），我们将该请求传递到 localhost，可能在该服务器上运行着用于处理这种请求的服务，并且会在 memcached 实例中插入键/值对。

4.9.2 FastCGI 上游服务器

使用 FastCGI 服务器在 Nginx 服务器后运行 PHP 应用程序，这是一种流行的方式。fastcgi 模块默认被编译，通过 fastcgi_pass 指令即可激活使用该模块，然后，Nginx 就可以使用 FastCGI 协议同一个或者多个上游服务器进行会话。在下面，我们定义了一组 FastCGI 上游服务器。

```
  upstream fastcgis {

    server 10.0.200.10:9000;

    server 10.0.200.20:9000;
```

```
  server 10.0.200.30:9000;
}
```

我们从根位置开始传递连接。

```
location / {

  fastcgi_pass fastcgis;
}
```

这是一个非常简单的配置，它说明了使用 FastCGI 的基本知识。Fastcgi 模块包括了一组指令和可能的配置，将会在第 6 章“Nginx HTTP 服务器”讨论这些内容。

4.9.3　SCGI 上游服务器

Nginx 还能够通过使用内建的 scgi 模块使用 SCGI 协议通信。原理上与 fastcgi 模块类似。Nginx 通过 scgi_pass 指令与上游服务器通信。

4.9.4　uWSGI 上游服务器

uWSGI 协议对于 Python 开发者来说非常受欢迎。Nginx 通过 uwsgi 模块提供基于 Python 的上游服务器的连接，它的配置类似于 fastcgi 模块，使用 uwsgi_pass 指令指定上游服务器。配置文件在第 6 章“Nginx HTTP 服务器”有展示。

4.10　负载均衡

我们已经在我们的上游服务器讨论中展示了一些使用负载均衡的示例。除了作为客户端从互联网作为反向代理的终止点，Nginx 还提供负载均衡器的功能。它可以通过扩展它代理的连接来保护你的上游服务器免于过载。取决于你使用的环境，你可以选择三种负载均衡算法中的一种。

负载均衡算法

upstream 模块能够使用 3 种负载均衡：轮询（round-robin）、IP 哈希（IP hash）和最少连接数（Least Connection），你可以使用其中的一种来选择哪一个上游服务器将会在下一步中被连接。在默认情况下，使用轮询算法，它不需要配置指令来激活。该算法选择下一个服务器，基于先前选择，在配置文件中哪一个是下一个服务器，以及每一个服务器的负载权重。轮询算法是基于在队列中谁是下一个的原理确保将访问量均匀地分配给每一个上游服务器的。

IP 哈希（IP hash）算法通过 ip_hash 指令激活使用，从而将某些 IP 地址映射到同一个上游服务器。Nginx 通过 IPv4 地址的前 3 个字节或者整个 IPv6 地址作为哈希键来实现。同一个 IP 地址池地址总是被映射到同一个上游服务器，所以，这个机制的目的不是要确保公平分配给每一台上游服务器，而是在客户端和上游服务器之间实现一致映射。在上游服务器中，这在本地跟踪用户会话的情况下非常有用。

第 3 个负载均衡算法由上游服务器默认的模块支持，最少连接数可以用 least_conn 指令启用。该算法的目的是通过选择一个活跃的最少连接数服务器，然后将负载均匀分配给上游服务器。如果上游服务器的处理器能力不相同，那么可以为 server 指令使用 weight 参数来指示说明。该算法将考虑到不同服务器的加权最小连接数。

4.11 将 if 配置转换为一个更现代的解释

在 location 内使用 if 指令，在某些情况下，真的只是考虑有效性。if 可能与 last 或者 break 标签实现返回和重定向，但是在一般情况下避免使用。这是由于在部分的事实中，if 可能产生一些意想不到的结果。考虑一下下面示例的配置。

```
location / {

  try_files /img /static @imageserver;

  if ($request_uri ~ "/blog") {

    proxy_pass http://127.0.0.1:9000;

    break;
  }

  if ($request_uri ~ "/tickets") {

    proxy_pass http://tickets.example.com;

    break;
  }
}
```

```
location @imageserver {

  proxy_pass http://127.0.0.1:8080;
}
```

在上面的配置中，我们基于$request_uri 变量来决定将请求传递到某一个上游服务器。乍看起来这个配置非常合理，因为在我们简单测试的情况下它工作得很好。但是图像不会从/img 文件系统及/static 文件系统中提供访问，也不会由@imageserver 命名的 location 提供访问。当 if 指令及 try_files 指令出现在同一个 location 中的时候，try_files 会简单地停止工作。if 使用自己的内容处理程序创建了一个隐含的 location，在这种情况下，由 proxy 模块提供访问。因此，使用 try_files 注册的外部内容处理程序，永远不会被调用。下面有一种方法写这个配置，以便实现我们想要的。

我们来思考一下我们的请求，因为 Nginx 要处理它。在找到配置的 IP 和端口之后，Nginx 首先会基于 Host 头选择一个虚拟主机（也就是 server），然后，它会扫描该 server 中所有的 location，查找配置 URI。因此，我们看到更好的选择方式是基于 URI 配置多个 location，正如下面示例中的配置所示。

```
location /blog {

  proxy_pass http://127.0.0.1:9000;

}

location /tickets {

  proxy_pass http://tickets.example.com;

}

location /img {

  try_files /static @imageserver;

}

location / {

  root /static;

}
```

```
location @imageserver {
  proxy_pass http://127.0.0.1:8080;
}
```

这种配置可以用图 4-2 来说明。

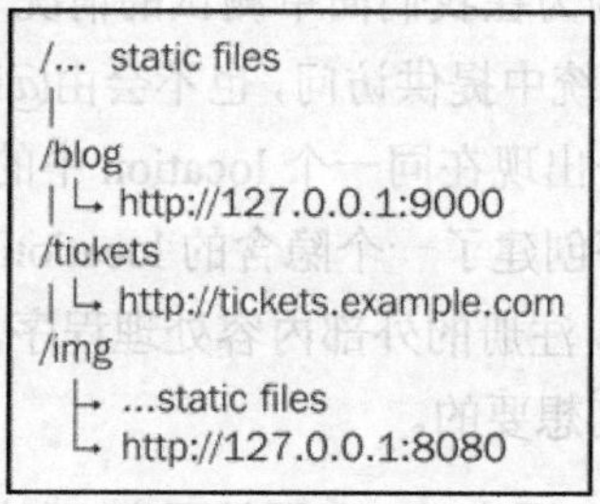

```
/...  static files
|
/blog
| └→ http://127.0.0.1:9000
/tickets
| └→ http://tickets.example.com
/img
  ├→ ...static files
  └→ http://127.0.0.1:8080
```

图 4-2　配置示意图

看下面有关配置“if”的另一个示例。

```
server {

  server_name marketing.example.com communication.example.com
    marketing.example.org communication.example.org
      marketing.example.
        net communication.example.net;

  if ($host ~* (marketing\.example\.com|marketing\.example\.
    org|marketing\.example\.net)) {

    rewrite ^/$ http://www.example.com/marketing/application.do
      redirect;

  }

  if ($host ~*
    (communication\.example\.com|communication\.example\.
      org|communication\.example\.net)) {

    rewrite ^/$ http://www.example.com/comms/index.cgi redirect;

  }

  if ($host ~* (www\.example\.org|www\.example\.net)) {
```

```
      rewrite ^/(.*)$ http://www.example.com/$1 redirect;

    }

}
```

在这个配置文件中，我们使用了一定数量的 if 指令与 Host 头（或者如不存在则是 server_name）相匹配。在每一个 if 之后，URI 被重写，直接转至正确的应用程序组件。要处理的每个 URI 都需要进行正则表达式匹配。因此，除了非常低效外，它还打破了我们的“在 location 中没有 if”的规则。

这种类型的配置在向应用程序组件重写 URL 中，最好作为一系列单独的 server。

```
server {

  server_name marketing.example.com marketing.example.org
    marketing.
      example.net;

    rewrite ^ http://www.example.com/marketing/application.do
      permanent;

}

server {

  server_name communication.example.com communication.example.org
    communication.example.net;

    rewrite ^ http://www.example.com/comms/index.cgi permanent;

}

server {

  server_name www.example.org www.example.net;

  rewrite ^ http://www.example.com$request_uri permanent;
}
```

在每个块中，为不使用 if 我们仅放置了与那些 server_name 相关的 rewrite 规则。在每一个 rewrite 模块中，我们用 permanent 标记替代了 redirect 标记，表明这是一个完整的 URL，在下次请求该域名时浏览器会记住并自动使用它。在前面的 rewrite 规则中，我们也使用了一个随时有效的变量$request_uri 替代了匹配（^/（.*）$），$request_uri 包含了同样的配置，但是省去了正则表达式匹配的麻烦，并且能保存在捕获变量中。

4.12 使用错误文件处理上游服务器问题

另外还有一些上游服务器无法响应请求的情况，在这些情况下，可以将 Nginx 配置为从它的本地磁盘提供一个文件。

```
server {

  error_page 500 502 503 504 /50x.html;

  location = /50x.html {

    root share/examples/nginx/html;

  }

}
```

或者是从外部网站提供。

```
server {

  error_page 500 http://www.example.com/maintenance.html;

}
```

在代理到一组上游服务器的时候，你可能想定义一组外部上游服务器作为一个后备（fallback）服务器，以便在其他服务器不能提供请求时再提供请求。当使用这种后备服务器针对请求的 URI 来投递一个定制的响应时，这种做法非常有用。

```
upstream app {

  server 127.0.0.1:9000;

  server 127.0.0.1:9001;

  server 127.0.0.1:9002;

}
```

```
server {

  location / {

    error_page 500 502 503 504 = @fallback;

    proxy_pass http://app;
  }

  location @fallback {

    proxy_pass http://127.0.0.1:8080;

  }
}
```

“=”号出现在前面的 error_page 行，它被用于指明我们想返回一个状态代码，结果来自于前面的参数，这里指的就是@fallback 区段的定义。

这些例子涵盖了错误代码为 500 或更大的情况，在将 proxy_intercept_errors 指令设置为 on 之后，Nginx 也支持 error_page 指定 400 或更大的错误代码的转向，如下面的示例所示。

```
server {

  proxy_intercept_errors on;

  error_page 400 403 404 /40x.html;

  location = /40x.html {

    root share/examples/nginx/html;

  }
}
```

当 HTTP 错误代码 401 被配置为由 error_page 提供，那么认证将不会完成。在认证的后端服务器处于离线、维护或者是其他原因时，你可能想这么做，但是你应该避免使用。

4.13 确定客户端真实的 IP 地址

在使用代理服务器时，客户端不能直接连接到上游服务器。因此，上游服务器不能从客户端直接获取信息。任何信息，例如客户端的 IP 地址，都需要通过头来传递。Nginx 使用 proxy_set_header 指令来提供。

```
proxy_set_header X-Real-IP $remote_addr;
proxy_set_header X-Forwarded-For $proxy_add_x_forwarded_for;
```

客户端 IP 地址将会通过 X-Real-IP 和 Forwarded-For 头来实现。第二种格式考虑到客户的请求头，如果存在，那么从客户端请求来的 IP 地址将会添加到 X-Forwarded-For，并且使用逗号分隔。依赖于上游服务器的配置，你需要设置一个或者另外一个。例如，在配置 Apache 时用 X-Forwarded-For 头获取日志中客户端的 IP 地址，并使用%{<header-name>}i 格式选项。

下面的例子展示了如何改变默认的 combined Apache 的日志格式。

```
LogFormat "%{X-Forwarded-For}i %l %u %t \"%r\" %>s %b
  \"%{Referer}i\" \"%{User-Agent}i\"" combined
```

如果你的上游服务器需要一个非标准的头，例如 Client-IP，那么可以通过下面的方法很容易配置实现。

```
proxy_set_header Client-IP $remote_addr;
```

其他信息，例如 Host 头，可以通过同样的方法传递到上游服务器。

```
proxy_set_header Host $host;
```

4.14 小结

我们看到了 Nginx 如何作为一个反向代理服务器使用。它高效的连接处理模型非常适合直接与客户交互。在终止请求后，考虑到每一个上游服务器的优势和劣势，Nginx 能够向上游服务器打开新的连接。在 location 中，使用 if 仅在某些情况下被认为是有效的。通过学习 Nginx 实际上如何处理一个请求，我们可以配置一个比较适合我们目标的配置。如果由于某种原因，Nginx 不能到达上游服务器，那么它能够提供其他可替换的页面。当 Nginx 终结了客户端的请求后，上游服务器能够通过在 Nginx 代理请求传输的头中获取相关的信息。这些概念将会帮助你设计一个理想的 Nginx 配置，以便满足您的需求。

即将看到的下一章中，我们将探索更先进的反向代理技术。

第 5 章
反向代理高级话题

正如我们在前面章节看到的，反向代理替代客户连接到上游服务器。因此，这些上游服务器也没有直接连到客户端。这种机制由几个不同的原因所致，如安全性、可扩展性和性能。

通过这种设置的双层特性来增强安全性。如果一个攻击者尝试直接接触到上游服务器，他将会首先查找一条路径接触到反向代理。到客户端的连接通过 HTTPS 加密，当上游服务器本身不具备这个功能或者是不提供这个功能时，那么这些 SSL 连接可能在反向代理上终止。Nginx 能够作为一个 SSL 连接器，也能够基于各种客户端属性提供额外的访问列表和约束。

可扩展性能够通过利用一个反向代理，将并发连接到多个上游服务器，使它们看起来好像是一个服务器实现的。如果应用程序需要更强的处理能力，那么更多的上游服务器可以添加到由单个反向代理实现的上游服务器池中。

一个应用程序的性能可以通过多种方式使用反向代理得到增强。反向代理能够缓存和压缩投递到客户端之前的内容。Nginx 作为反向代理服务器能够处理比典型的应用程序服务器更多并发客户的连接。在某些架构中，将 Nginx 配置为从本地磁盘缓存中提供静态内容，而将动态请求传递到上游服务器处理。客户端能够使其到 Nginx 的连接保持唤醒状态，当 Nginx 立即终止那些向上游服务器的连接后，也就释放了这些上游服务器上的资源。

在本章中，我们讨论下面话题以及剩余的代理模块的指令。

- 安全隔离。
- 提供对隔离应用程序组件的可扩展性。
- 反向代理服务器的性能调优。

5.1 安全隔离

通过代理分开了客户端到应用程序服务器的连接，实现了安全措施。这是在一个架构中使用反向代理的主要原因之一。客户端仅直接连接运行反向代理的机器，这台机器应该足够安全，以至于攻击者找不到任何入口。

安全是一个相当大的话题，我们在这里只是简单地就该要点来观察。

- 在反向代理之前设置防火墙，仅允许公网访问 80 端口（如果 HTTPS 连接提供 443 端口，那么也包括该端口）。
- 确保 Nginx 使用一个非特权用户运行（典型的用户 www、webservd 或者 www-data，这依赖于具体的操作系统）。
- 加密的流量可以防止窃听，我们会花一些时间在下一节讲述这一点。

5.1.1 使用 SSL 对流量进行加密

Nginx 经常被用于终结 SSL 连接，可能是因为上游服务器不能使用 SSL 或者是依照要求卸载 SSL 连接。要使用 SSL 就需要在编译安装 Nginx 时在 Nginx 的二进制文件中添加对 SSL 的支持（--with_http_ssl_module），并且要安装 SSL 证书和密钥。

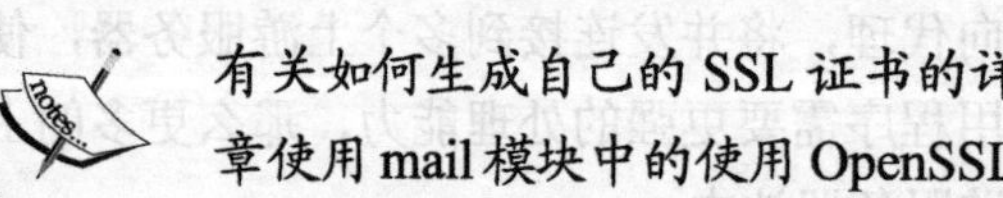

有关如何生成自己的 SSL 证书的详细信息，请参考第 3 章使用 mail 模块中的使用 OpenSSL 生成 SSL 证书部分。

下面的配置例子用于为 www.example.com 启用 HTTPS 连接。

```
server {

  listen 443 default ssl;

  server_name www.example.com;


  ssl_prefer_server_ciphers on;

  ssl_protocols TLSv1 SSLv3;

  ssl_ciphers RC4:HIGH:!aNULL:!MD5:@STRENGTH;
```

```
  ssl_session_cache shared:WEB:10m;

  ssl_certificate /usr/local/etc/nginx/www.example.com.crt;

  ssl_certificate_key /usr/local/etc/nginx/www.example.com.key;

  location / {

    proxy_set_header X-FORWARDED-PROTO https;

    proxy_pass http://upstream;
  }

}
```

在前面的例子中，我们首先使用 listen 指令的 ssl 参数激活了 SSL 模块。然后，我们指定了希望客户选择使用的服务器密码列表，这是因为我们配置服务器使用的密钥被证明是最安全的。这可以防止客户端使用过期的密码。ssl_session_cache 指令被设置为 shared，以便所有的 worker 进程能够从每一个客户端“昂贵”的 SSL 自动协商中获益。如果配置了同样的名字或者将该指令放置在 http 部分，那么多个虚拟主机可以使用同一个 ssl_session_cache 指令。第二和第三部分分别为缓存的名称和大小，然后，为该主机指定证书和 key。注意，这个 key 文件的权限应该设置为仅能够被 master 进程读取。我们将 X-FORWARDED-PROTO 头的值设置为 https，是为了运行在上游服务器上的应用程序能够认识到原始请求使用了 HTTPS 的事实。

SSL 加密

前面的加密中选择基于 Nginx 的默认配置，不包括那些提供空认证（aNULL）及使用 MD5 的方法。开始使用 RC4，目的是不易受到 BEAST 攻击，这个在 CVE-2011-3389 中有描述。在加密的排列中，按照密钥算法在密码的最末尾通过@STRENGTH 给出了加密的长度。

我们只是对客户端和反向代理之间的流量进行加密，也可以对反向代理和上游服务器之间的流量进行加密。

```
server {
…

  proxy_pass https://upstream;

}
```

这通常是内部网络建立在安全性比较低的架构中的情况。

5.1.2 使用 SSL 进行客户端身份验证

有些应用程序使用从客户端呈现的 SSL 证书信息，但这些信息不能直接使用在反向代理体系结构中。要将这些信息传递到该应用程序，你可以告诉 Nginx 设置一个额外的头。

```
location /ssl {

  proxy_set_header ssl_client_cert $ssl_client_cert;

  proxy_pass http://upstream;

}
```

这个变量包含了客户端的 SSL 证书，是 PEM 格式的。我们通过同名的头将该变量传递给上游服务器，然后，应用程序本身负责用任何适当的方式使用该信息。而不是将整个客户端证书传递到上游服务器，Nginx 可以提前做一些工作，以便查看客户端是否有效。一个有效的客户端 SSL 证书是一个由证书颁发机构签名认可的证书，它有一个未来的有效期，并且没有被撤销。

```
server {
…

  ssl_client_certificate /usr/local/etc/nginx/ClientCertCAs.pem;

  ssl_crl /usr/local/etc/nginx/ClientCertCRLs.crl;

  ssl_verify_client on;

  ssl_verify_depth 3;

  error_page 495 = @noverify;

  error_page 496 = @nocert;

  location @noverify {

    proxy_pass http://insecure?status=notverified;

  }
```

```
    location @nocert {

      proxy_pass http://insecure?status=nocert;

    }

    location / {

      if ($ssl_client_verify = FAILED) {

        return 495;

      }

      proxy_pass http://secured;

    }

  }
```

上述配置由以下几部分构成，在将请求发送到上游服务器之前 Nginx 完成验证客户端 SSL 证书。

◆ ssl_client_certificate 指令的参数指定了 PEM 编码的根 CA 证书路径，根 CA 证书将被视为有效的客户端证书签名。

◆ ssl_crl 指令的参数指定了证书撤销列表，由证书颁发机构负责签发，用于客户端证书签名。这个 CRL 需要分别下载并保持定时更新。

◆ ssl_verify_client 指令说明了我们希望 Nginx 检查客户提出的 SSL 证书的有效性。

◆ ssl_verify_depth 指令负责在宣布一个证书无效之前应该检查多少位签名。SSL 证书可能有一个或者多个中间 CA 签名，Nginx 会考虑客户端证书的有效性，在 ssl_client_certificate 路径中指定的证书，不是中间 CA 证书，就是根 CA 签名的证书。

◆ 如果客户端证书验证过程中出现一些错误，那么 Nginx 将会返回一个非标准的错误代码 459。我们设定了一个 error_page，用于匹配该代码并且重定向该请求到一个命名 location，由一台单独的代理服务器来处理这个请求。在 proxy_pass 的 location 中也包括了对`$ssl_client_verify`变量值的检查，以使无效的证书也能返回这个代码。

◆ 如果证书无效，Nginx 将会返回一个非标准的错误代码 496，同样也会被 error_page

指令捕获。error_page 指令中定义了一个命名 location，它将请求代理到一个单独的错误处理器。

仅当客户端提供了一个有效的 SSL 证书后，Nginx 才会将请求传递到上游服务器 secured。通过这样做，我们确保了只有通过认证的用户才可以将请求发送到上游服务器，这是反向代理的一个重要的安全功能。

Nginx 从 13.7 版本开始提供了使用 OCSP 响应能力校验客户端 SSL 证书。在附录 A 中指令参考部分参考 ssl_stapling* 和 ssl_trusted_certificate 指令描述，了解如何激活该功能。

如果应用程序在证书中仍然需要一些信息。例如，授权的用户，Nginx 可以在头中传递这些信息。

```
location / {

  proxy_set_header X-HTTP-AUTH $ssl_client_s_dn;

  proxy_pass http://secured;

}
```

现在，我们运行在上游服务器 secured 上的应用程序可以使用 X-HTTP-AUTH 头授权客户端访问不同的区域。变量包含了客户端证书 DN 的 subject，应用程序可以使用这个信息进行数据库或者目录查找匹配用户。

5.1.3 基于原始 IP 地址阻止流量

作为客户端连接终止的反向代理服务器，它可以限制基于 IP 地址的客户端。从一组特定 IP 地址发起的一些无效的连接，该机制对于这类滥用网络的行为非常有用。在 Perl 中，不止一种方法能够实现它。在这里，我们讨论的 GeoIP 模块就是一个可能的解决方案。

你的 nginx 二进制文件将需要已经编译激活的 GeoIP 模块（--with-http_geoip_module），并且在你的系统中安装了 MaxMind GeoIP 库。在 http 部分中，通过 geoip_country 指令指定预编译数据库文件的位置。通过国家代码，这将会提供最有效的方式阻止、允许 IP 地址访问。

```
geoip_country /usr/local/etc/geo/GeoIP.dat;
```

如果客户端连接访问的 IP 地址被列在这个数据库中，那么变量$geoip_country_code 的值将会被设置为 ISO 两个字母的原始国家代码。

我们也将使用与 GeoIP 模块近似命名的 geo 模块一起提供的数据。geo 模块提供了一个非常基本的接口，用于设置基于客户端连接 IP 地址的变量。它创建了一个命名范围，第一个参数是用于匹配的 IP 地址，第二个参数是应该获得的匹配值。通过结合这两个模块，我们能够基于原始国家的 IP 来阻止 IP 地址，而同时又允许从一组特定 IP 地址进行访问。

假定一个场景，我们正在为瑞士的银行提供服务。我们希望网站的公共部分被谷歌搜索引擎收录，但现在仍然被限制为瑞士的 IP 进入。我们也希望有一个本地的看门狗（watchdog）服务能够访问该网站，以确保它仍然能够正确响应。我们定义了一个$exclusions 变量，设置默认值为 0。如果我们的任何标准都被匹配，那么该值将被设置为 1，我们将用它来控制访问网站。

```
http {

  # the path to the GeoIP database

  geoip_country /usr/local/etc/geo/GeoIP.dat;

  # we define the variable $exclusions and list all IP addresses
    # allowed
  # access by setting the value to "1"

  geo $exclusions {

    default 0;
    127.0.0.1 1;
    216.239.32.0/19 1;
    64.233.160.0/19 1;
    66.249.80.0/20 1;
    72.14.192.0/18 1;
    209.85.128.0/17 1;
    66.102.0.0/20 1;
    74.125.0.0/16 1;
    64.18.0.0/20 1;
    207.126.144.0/20 1;
    173.194.0.0/16 1;

  }

  server {
```

```
        # the country code we want to allow is "CH", for Switzerland
        if ($geoip_country_code = "CH") {

          set $exclusions 1;

        }
        location / {


        # any IP's not from Switzerland or in our list above
          # receive the
        # default value of "0" and are given the Forbidden HTTP
          # code
        if ($exclusions = "0" ) {

          return 403;
        }


        # anybody else has made it this far and is allowed access
          # to the
        # upstream server
        proxy_pass http://upstream;

        }

    }

  }
```

这仅仅是一个基于客户端 IP 地址解决阻止访问的网站问题的办法。其他的解决方案包括保存客户端的 IP 地址为一个键-值存储，为每个请求更新计数器，如果已经出现了一定时间内的过多请求，那么就阻止访问。

5.2 孤立应用程序组件的扩展

扩展应用程序可能会有两个方向，即向上（up）和向外（out）。向上扩展（Scale Up）是指添加更多的资源到一台机器，不断增加可用资源池以满足客户的需求。向外扩展（Scale Out）意味着向有效的响应池中增加更多的机器，以免有机器因处理客户端请求而忙得不可开交。无论这些机器是云中的虚拟实例，还是在数据中心运行的物理机器，从经济效益来看应该选择向外（out），而不是向上（up）。在这里 Nginx 作为一个反向代理处理连接请求。

它使用资源极低，因此 Nginx 在客户端和应用程序中理想地充当了“中间人”的角色。Nginx 处理到客户端的连接，它能够同时处理多个请求。这取决于配置，Nginx 从本地缓存传递一个文件或者传递该请求到上游服务器以进行进一步处理。上游服务器可以是使用 HTTP 协议的任何类型的服务器。相比一个上游服务器而言，多个上游服务器能够处理更多的客户端连接。

```
upstream app {

  server 10.0.40.10;

  server 10.0.40.20;

  server 10.0.40.30;

}
```

随着时间的推移，该组初始配置的上游服务器可能需要扩展。该网站的访问量增加了这么多，当前服务器组不能及时足够地应付。如图 5-1 所示，通过使用 Nginx 反向代理，这种情况可以很容易地通过添加更多的上游服务器进行补救。

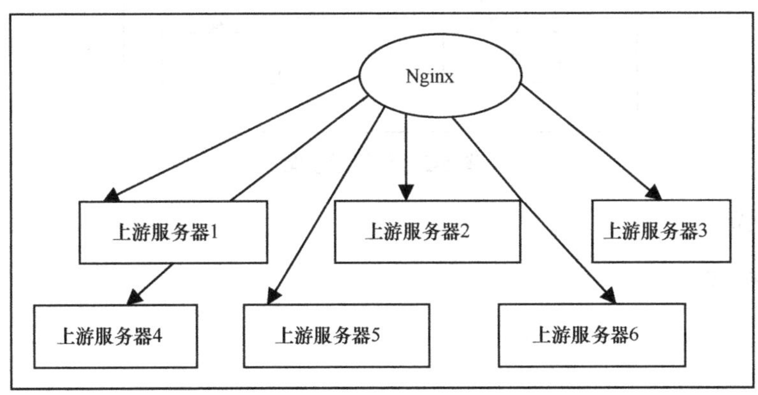

图 5-1　添加上游服务器方案

添加更多的上游服务器可以通过以下方法。

```
upstream app {

  server 10.0.40.10;

  server 10.0.40.20;
```

```
  server 10.0.40.30;

  server 10.0.40.40;

  server 10.0.40.50;

  server 10.0.40.60;

}
```

可能是到了重写应用程序的时候了，也可能是使用另一个不同的应用程序堆栈将应用程序合并到服务器中。在移动整个应用程序之前，要对这个服务器在真实客户端的负载下进行活跃池的测试。如图 5-2 所示，该服务器通过减少请求来缓解出现问题时的任何负面响应。

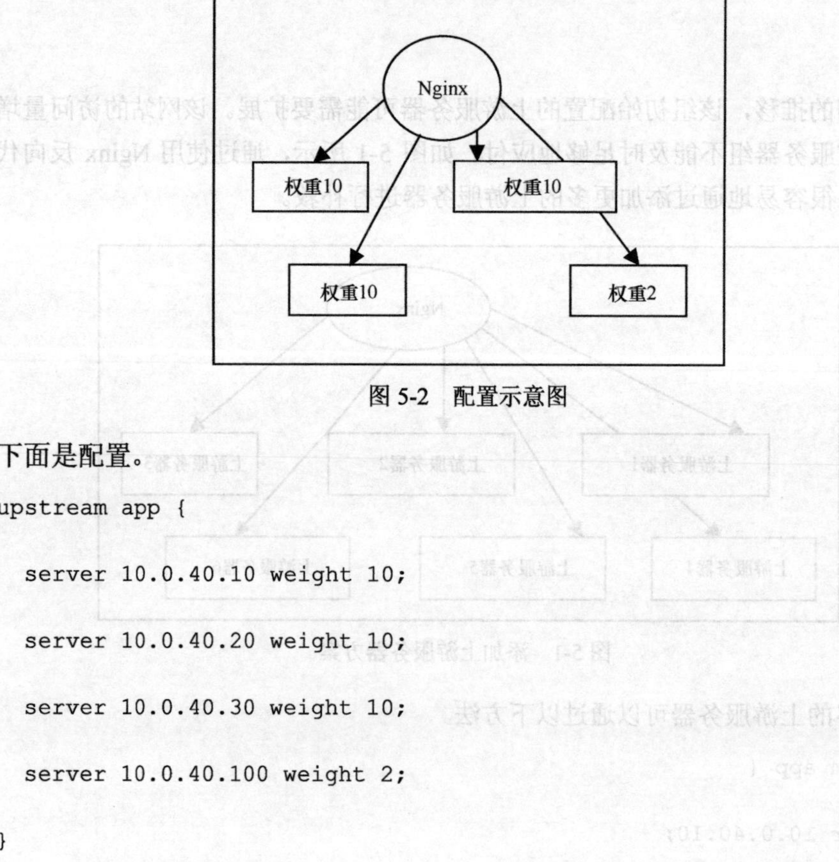

图 5-2　配置示意图

下面是配置。

```
upstream app {

  server 10.0.40.10 weight 10;

  server 10.0.40.20 weight 10;

  server 10.0.40.30 weight 10;

  server 10.0.40.100 weight 2;

}
```

或者，也可能是时候为特定的上游服务器定期维护，因此它不再接受任何请求。如

图 5-3 所示，通过在配置文件中将这个服务器标记为 down 来进行维护工作。

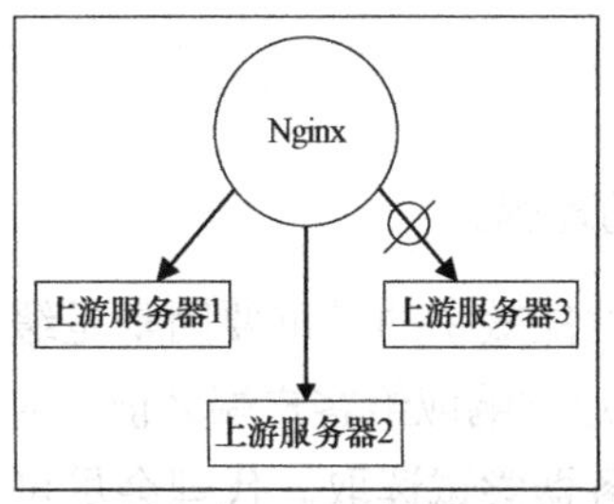

图 5-3 维护服务器

下面的配置描述了如何标记一个服务器处于死机状态。

```
upstream app {

  server 10.0.40.10;

  server 10.0.40.20;

  server 10.0.40.30 down;

}
```

无响应的上游服务器应该被迅速处理，依赖于具体的应用程序，将 timeout 指令设置得低一些。

```
location / {

  proxy_connect_timeout 5;

  proxy_read_timeout 10;

  proxy_send_timeout 10;

}
```

上游服务器是在给定设置的超时时间内给出响应，尽管如此，仍然需要小心当上游服务器在给定的时间内没有响应时，Nginx 可能会投递 504 网关超时错误（504 Gateway Timeout Error）。

5.3 反向代理服务器的性能调优

作为一个应用程序的反向代理，Nginx 可以在许多方面进行调优。通过缓冲、缓存和压缩，通过 Nginx 的配置可以使客户体验尽可能地好。

5.3.1 缓冲数据

缓冲可以通过图 5-4 来帮助理解。

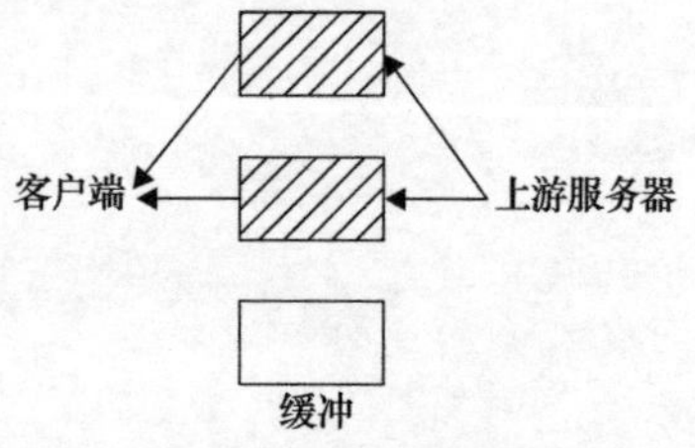

图 5-4 缓冲示意图

在使用反向代理时，考虑性能效率的最重要因素是缓冲。在默认情况下，Nginx 会在返回响应给客户端之前，尽可能快、尽可能多地从上游服务器尝试读取。代理会尽可能地将响应缓冲在本地，以便一次性全部投递给客户。如果来自于客户的请求，或者是从上游服务器响应的任何部分被写到磁盘上，那么性能可能会降低。这需要内存和硬盘之间进行权衡。因此，在 Nginx 作为反向代理时考虑表 5-1 中的指令非常重要。

表 5-1 代理模块缓冲指令

代理模块缓冲指令	说明
proxy_buffer_size	该指令设置缓冲大小，该缓冲用于来自于上游服务器响应的第一部分，在该部分中能够找到响应头
proxy_buffering	该指令启用代理内容缓冲，当该功能禁用时，那么代理一接收到内容后就同步发送给客户端，提供的 proxy_max_temp_file_size 参数被设置为 0。设置 proxy_max_temp_file_size 的值为 0，调整 proxy_buffering 的值为 on，确保在代理过程中没有磁盘被使用，但是仍旧使用了缓冲
proxy_buffers	该指令指定用于响应上游服务器的缓冲数量和大小
proxy_busy_buffers_size	在从上游服务器读取响应时，该指令指定分配给发送客户端响应的缓冲空间大小。典型的设置是将该值设置为 proxy_buffers 的两倍

除了前面的指令，上游服务器设置 X-Accel-Buffering 头会影响缓冲。X-Accel-Buffering 头的默认值为 yes，这意味着响应被缓冲。设置为 no，则对 Comet 和 HTTP 流应用程序有用，这类响应没有缓冲这么重要。

通过测量经过反向代理的平均请求和响应的大小，代理缓冲区的大小可以被调整到最佳使用状态。除了依赖于操作系统的每个连接开销之外，每个缓冲区指令统计每个连接计数，因此我们可以计算出一个系统上的内存量能够同时支持多少个客户端连接。

proxy_buffers 指令的默认值（8 个 4 KB 或者 8 个 8 KB，这依赖于具体的操作系统）能够接受一个大的并发连接数。我们来弄清楚能有多少连接数。在一个 1 GB 内存的机器上，该机器上只有 Nginx 在运行，大多数内存都由它使用。一些内存由操作系统的文件系统缓存或者其他使用，所以我们保守地估计 Nginx 能够使用的内存达到 768 MB。

每个活动的连接是 8 个 4 KB 的缓冲，也就是 32768 字节（8 × 4 × 1024）。

我们能够分配给 Nginx 的 768 MB 的内存是 805306368 字节（768 × 1024 × 1024）。除以 2，我们达到 805306368/32768 = 24576 个活动连接。因此，在默认的配置中，假设这些缓冲被持续填满，那么 Nginx 能够同时处理约 25000 个活动连接。还有一些其他的因素发挥作用，如缓存的内容和空闲连接，但是我们只是给出了一个粗略的工作情况。

现在，如果我们采用下面的数值作为我们的平均请求和响应大小，我们看到 8 个 4 KB 的缓冲不足以处理典型的请求。我们想让 Nginx 缓冲尽可能多地响应以便用户一次接收到，提供给用户一个快速的链接。

- 平均请求的大小：800 字节。
- 平均响应的大小：900 字节。

> 本节剩余部分的调优示例将会使用更多的内存，以便满足并发活动连接可使用更多的资源。它们只是优化，而不能作为一个通用配置来理解。对于多、慢的客户端，少、快的上游服务器来说，Nginx 已经进行了优化。随着计算趋势更多地面向移动用户，这些客户端连接比宽带用户更慢。因此，在开始任何优化之前，最重要的是要知道你的用户以及它们是如何连接的。

我们将相应地调整缓冲大小，以便整个响应都容纳在缓冲中。

```
http {

  proxy_buffers 240 4k;

}
```

当然，这意味着我们只能处理较少的并发用户。

每个活动的连接是 240 个 4 KB 的缓冲，也就是 983040 字节（240 × 4 × 1024）。

我们能够分配给 Nginx 的 768 MB 的内存是 805306368 字节（768 × 1024 × 1024）。

除以 2，我们达到 805306368/983040 = 819.2 个活动连接。

如果没有太多的并发连接，我们可以将缓冲的数量向下调整，以便确保 Nginx 在传输给客户端的过程中将响应的剩余部分读到 proxy_buffers 剩余空间中。

```
http {

  proxy_buffers 32 4k;

  proxy_busy_buffers_size 64k;

}
```

每个活动的连接是 32 个 4 KB 的缓冲，也就是 131072 字节（32 × 4 × 1024）。

我们能够分配给 Nginx 的 768 MB 的内存是 805306368 字节（768 × 1024 × 1024）。除以 2，我们达到 805306368 / 131072 = 6144 个活动连接。

对于反向代理机器，我们可能想扩展更多的内存（6 GB 内存将能够产生约 37000 的连接），或者在负载均衡器后面的机器上添加 1 GB 的内存，以达到我们预期的活跃用户的并发数量。

5.3.2 缓存数据

缓存的描述可以通过图 5-5 说明。

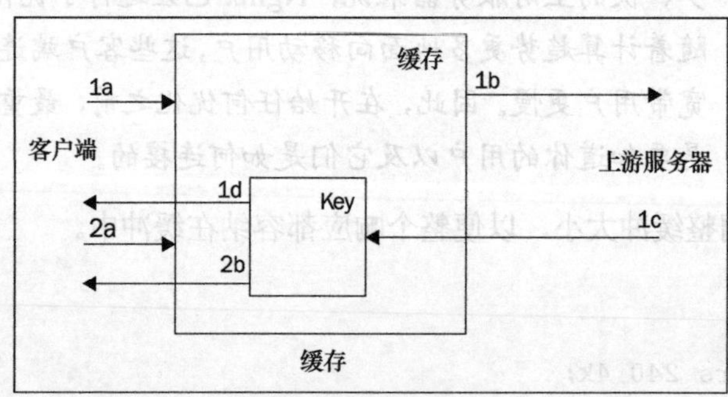

图 5-5 缓存的描述

Nginx 也有缓存来自于上游服务器上响应的能力，以便同样的请求不会再次返回到上游服务器提供。上面的图阐释如下。

- 1a：一个客户端产生一个请求。
- 1b：该请求的缓存 key 不在当前缓存中，因此 Nginx 向上游服务器发出请求。
- 1c：上游服务器返回响应，并且 Nginx 将响应放置在请求缓存 key 中。
- 1d：响应投递到客户端。

- 2a：另一个客户端产生一个请求匹配该缓存 key。
- 2b：Nginx 能够从缓存中直接提供该响应，而不用先从上游服务器上获取。

代理模块缓存指令参见表 5-2。

表 5-2　　代理模块缓存指令

代理模块缓存指令	说明
proxy_cache	该指令定义用于缓存的共享内存区域
proxy_cache_bypass	该指令指定一个或者多个字符串变量，变量的值为非空或者非零将会导致响应从上游服务器获取而不是缓存
proxy_cache key	该指令作为缓存 key 的一个字符串，用于存储或者获取缓存值。可能会使用变量，但是请注意避免缓存的同一个内容有多个副本
proxy_cache_lock	启用这个指令，在一个缓存没有命中后将会阻止多个请求到上游服务器。这些请求将会等待第一个请求返回并且在缓存中写入 key。这个锁是每一个 worker 一个
proxy_cache_lock_timeout	该指令指定等待一个请求将出现在缓存或者 proxy_cache_lock 指令释放的时间长度
proxy_cache_min_uses	该指令指定在一个响应被缓存为一个 key 之前需要请求的最小次数
proxy_cache_path	该指令指定一个放置缓存响应和共享内存 zone（keys_zone=name:size）的目录，用于存储活动的 key 和响应的元数据。可选的参数如下。 ◆ levels：该参数指定冒号用于分隔在每个级别（1 或 2）的子目录名长度，最多三级深。 ◆ inactive：该参数指定在一个不活动的响应被驱除出缓存之前待在缓存中的最大时间长度。 ◆ max_size：该参数指定缓存的最大值，当大小超过这个值时，缓存管理器进程移除最近最少使用的缓存条目。 ◆ loader_files：该参数指定缓存文件的最大数量，它们的元数据被每个缓存载入进程迭代载入。 ◆ loader_sleep：该参数指定在每一个缓存载入进程的迭代之间停顿的毫米数。 ◆ loader_threshold：该参数指定缓存载入进程迭代花去时间的最大值
proxy_cache_use_stale	在访问上游服务器发生错误时，该参数指定在这种情况下接受提供过期的缓存数据。参数 updating 表示当数据刷新后再被载入
proxy_cache_valid	该参数指定对 200、301 或者 302 有效响应代码缓存的时间长度。如果在时间参数前面给定一个可选的响应代码，那么将会仅对这个响应代码设置缓存时间。特定参数 any 表示对任何响应代码都缓存一定的时间长度

下面的配置设计缓存所有的响应为 6 个小时，缓存大小为 1 GB。任何条目保持刷新，就是说，在 6 个小时内被调用为超时，有效期为 1 天。在此时间后，上游服务器将再次调用提供响应。如果上游服务器由于错误、超时、无效头或者是由于缓存条目被升级而无法响应，那么就会使用过期的缓存元素。共享内存区、CACHE 被定义为 10 MB，并且在 location 中使用，在这里设置缓存 key，并且也可以从这里查询。

```
http {

  # we set this to be on the same filesystem as proxy_cache_path
  proxy_temp_path /var/spool/nginx;

  # good security practice dictates that this directory is owned
    by the
  # same user as the user directive (under which the workers run)
  proxy_cache_path /var/spool/nginx keys_zone=CACHE:10m levels=1:2
    inactive=6h max_size=1g;

  server {

    location / {

      # using include to bring in a file with commonly-used
        settings
      include proxy.conf;

      # referencing the shared memory zone defined above
      proxy_cache CACHE;

      proxy_cache_valid any 1d;

      proxy_cache_use_stale error timeout invalid_header updating
        http_500 http_502 http_503 http_504;

      proxy_pass http://upstream;

    }

  }

}
```

使用这个配置文件 Nginx 将会在/var/spool/设置一系列目录，Nginx 将会首先区分 URI

MD5 哈希值的最后一个字符，然后区分接下来的两个字符，直到最后一个。例如，“/this-is-a-typical-url”响应被存储为：

```
/var/spool/nginx/3/f1/614c16873c96c9db2090134be91cbf13
```

除了 proxy_cache_valid 指令，还有一些 Nginx 缓存响应的头控制，这些头的值优先于该指令。

- X-Accel-Expires 头可以由上游服务器设置控制缓存行为。
    - 指定一个整数值，单位为秒，设置缓存响应的时间。
    - 如果将这个头的值设置为 0，那么将会完全禁用缓存响应功能。
- 如果一个值前面有一个@，表示自 1970 年 1 月 1 日以来的秒数。响应一直被缓存到这个绝对时间点。
- Expires 和 Cache-Control 头有同样的优先级。
- 如果 Expires 头的值在未来，那么响应将会缓存到那时。
- Cache-Control 头可能有多个值。
    - `no-cache`
    - `no-store`
    - `private`
    - `max-age`
- 响应实际缓存的唯一值是 max-age，该值为数字且非零，也就是说，max-age=x，而且 x > 0。
- 如果当前设置了 Set-Cookie 头，那么响应不会被缓存。

Set-Cookie 头是可以被覆盖的，通过使用 proxy_ignore_headers 指令实现：

```
proxy_ignore_headers Set-Cookie;
```

- 但是如果这样做了，要确保 cookie 值是 proxy_cache_key 指令值的一部分。

```
proxy_cache_key "$host$request_uri $cookie_user";
```

如果这么做了，请注意，要阻止同一个 URI 被缓存多个响应体。在公共内容无意间设置了 Set-Cookie 头后，这将使得它成为访问数据的 key 的一部分，在这种情况下就会出现同一个 URI 被缓存多个响应体。将公共内容分开到不同的 location 是解决问题的一个方法，以便确保缓存被有效地利用。例如，将提供图像文件的/img location 定义为另外一个 proxy_cache_key 指令。

```
server {

  proxy_ignore_headers Set-Cookie;

  location /img {

    proxy_cache_key "$host$request_uri";

    proxy_pass http://upstream;

  }

  location / {

    proxy_cache_key "$host$request_uri $cookie_user";

    proxy_pass http://upstream;

  }

}
```

5.3.3 存储数据

与缓存相关的一个概念是存储。如果你提供大的静态文件，这些从来不会改变的文件，也就是说，没有理由为它们设置生存期，那么 Nginx 提供存储来更快地服务这些文件。Nginx 将存储任何由它提供访问文件的一份本地副本，这些文件（副本）将会保留在磁盘，而且上游服务器将不再查询它们。如果这些文件在上游服务器发生改变，那么需要一些外部进程删除它们，否则 Nginx 将会继续提供，所以较小的静态文件比较合适使用缓存。

下面的配置总结了用于存储这些文件的指令。

```
http {

  proxy_temp_path /var/www/tmp;

  server {

    root /var/www/data
```

```
    location /img {
      error_page 404 = @store;
    }
    location @store {
      internal;
      proxy_store on;
      proxy_store_access group:r all:r;
      proxy_pass http://upstream;
    }
  }
}
```

在这个配置中，我们在 server 定义了一个 root，它所设置的参数与 proxy_temp_path 是同一个文件系统中的目录。location 指令设置的/img 将会继承 root 指令的设置，将会从相同名字的路径（/var/www/data）中提供 URI 的文件访问。如果文件没有找到（错误代码为 404），那么 Nginx 将会调用命名 location 指令@store，以便从上游服务器获取文件。proxy_store 指令表明了我们想存储文件，且继承 root 指令指定的路径，权限为 0644（用户为 rw 权限，用户组或者其他用户则设置在 proxy_store_access 指令中）。上游服务器提供了访问之后将会在 Nginx 上存储一份该静态文件的本地副本。

5.3.4　压缩数据

压缩可以通过图 5-6 来描述。

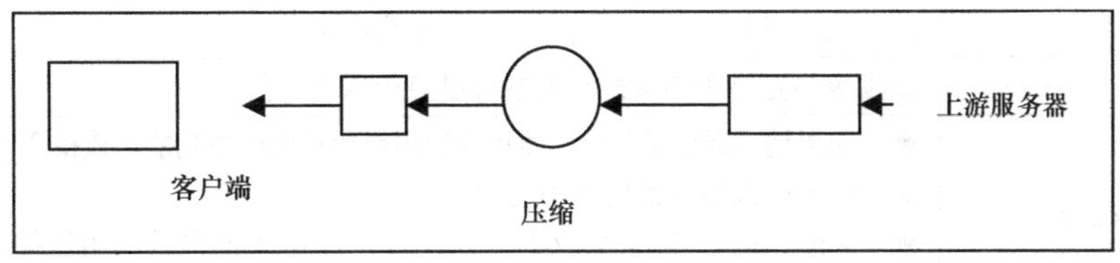

图 5-6　压缩示意图

优化带宽可以帮助减少响应的传输时间。Nginx 有能力将一个来自上游服务器的响应在传递到客户端之前对其进行压缩。gzip 模块默认启用，它经常被用于压缩反向代理的内容，这样做非常有意义。有些文件类型压缩效果不好。有些客户端也不能够响应压缩内容。在我们的配置中，可以考虑如下情况。

```
http {

  gzip on;

  gzip_http_version 1.0;

  gzip_comp_level 2;

  gzip_types text/plain text/css application/x-javascript text/xml
    application/xml application/xml+rss text/javascript
      application/javascript application/json;

  gzip_disable msie6;

}
```

在这个配置中，我们指定了想要使用 gzip 压缩的 MIME 文件类型，并且将其压缩为 2 级，这个设置只有高于 HTTP/1.0 的请求才有效，除非用户代理报告是 IE 浏览器的旧版本。我们将这个配置放在 http 部分，这样使得在 Nginx 中配置的所有 server 都有效。

表 5-3 列出了 gzip 模块的有效指令。

表 5-3　　gzip 模块指令

gzip 模块指令	说明
gzip	该指令对响应启用或者是禁用压缩
gzip_buffers	该指令指定用于压缩响应所使用的缓冲数量和大小
gzip_comp_level	该指令指定 gzip 压缩的级别（1~9）
gzip_disable	该指令设置一个 User-Agents 的正则表达式，凡是符合该表达式的都禁用压缩。特定值 msie6 是 MSIE[4-6]\.的简写，不包括 MSIE6.0;... SV1
gzip_min_length	该指令在启用压缩之前确定响应的长度，当高于该指令指定的长度时启用压缩功能，长度由 Content-Length 头决定
gzip_http_version	该指令指定高于该 HTTP 版本可以启用压缩功能
gzip_proxied	◆ 如果请求通过了代理，该指令启用或者禁用压缩功能。该指令有以下参数。 ◆ off：该参数禁用压缩功能。 ◆ expired：如果响应不应该被缓存，那么该参数启用压缩功能，通过 Expires 头来确定。

续表

gzip 模块指令	说明
gzip_proxied	◆ no-cache：如果 Cache-Control 头等于 no-cache，那么该参数启用压缩功能。 ◆ no-store：如果 Cache-Control 头等于 no-store，那么该参数启用压缩功能。 ◆ private：如果 Cache-Control 头等于 private，那么该参数启用压缩功能。 ◆ no_last_modified：如果响应不包含 Last-Modified 头，那么启用压缩功能。 ◆ no_etag：如果响应不包含 ETag 头，那么该参数启用压缩功能。 ◆ auth：如果请求包含认证头，那么该参数启用压缩功能。 ◆ any：对于请求中包含 Via 头的任何请求，该参数都启用压缩功能
gzip_types	除了默认值的 text/html 外，该指令设置被压缩的 MIME 类型
gzip_vary	如果 gzip 是活动的，那么该指令启用或者禁用包含 Vary：Accept-Encoding 头的响应

在启用 gzip 压缩后，你会发现大文件被截断，原因可能在于 gzip_buffers。默认值缓冲值是 32 个 4 KB 或者 16 个 8 KB（根据不同的平台而定），这使得总缓冲大小为 128 KB。这就是说，Nginx 不能压缩超过 128 KB 的文件。如果你使用了大的解压缩 JavaScript 库，那么你将会发现它超过了这个限制。如果是这种情况的话，你可以增加缓冲的数量，从而增加整体的缓冲数量，以便满足整个文件的压缩。

```
http {

  gzip on;

  gzip_min_length 1024;

  gzip_buffers 40 4k;

  gzip_comp_level 5;

  gzip_types text/plain application/x-javascript application/json;

}
```

例如，在上面的配置中将会对不超过 40 × 4 × 1024 = 163840 字节（或者 160 KB）大小的任何文件进行压缩。我们也可以使用 gzip_min_length 指令来告诉 Nginx 仅对大于 1 KB 的文件进行压缩。速度和压缩文件大小之间的良好折中是将 gzip_comp_level 指令通常设置为 4 或者 5。测量你的硬件是为你的配置找到正确值的最佳方法。

除了在响应的过程中使用压缩外，Nginx 还能够使用 gzip_static 模块投递预压缩的文件。该模块默认没有被编译在 Nginx 的二进制文件中，但是可以在编译 Nginx 时添加 --with-http_gzip_static_module 参数来启用该模块。该模块本身只有一个指令，也就是 gzip_static，但是为了确定何时检查使用预压缩的文件，也可以使用如下的 gzip 指令。

- gzip_http_version
- gzip_proxied
- gzip_disable
- gzip_vary

在下面的配置中，我们对投递的文件启用预压缩。如果请求包含认证头，以及响应包含 Expires 或者 Cache-Control 中的一个头，则禁用缓存。

```
http {

   gzip_static on;

   gzip_proxied expired no-cache no-store private auth;
}
```

5.4 小结

在本章中，我们看到了如何有效地使用 Nginx 作为一个反向代理服务器。

它可以充当 3 种角色，无论是单独或者组合，都可以提高安全性，具有良好的可扩展性，并能提高性能。安全性能通过从最终用户的应用程序分离实现。Nginx 能够通过组合多个上游服务器实现扩展。应用程序的性能直接关系到它如何响应用户的请求。我们讨论了用不同机制完成一个更易于响应的应用，越快的响应时间意味着更能使用户快乐。

接下来，本书将 Nginx 作为 HTTP 服务器来探索。到目前为止，我们仅讨论了如何将 Nginx 作为一个反向代理，但是 Nginx 还可以做更多的事情。

第 6 章 Nginx HTTP 服务器

HTTP 服务器主要是在客户端向其发送请求时向客户端投递网页的一个软件。通过 AJAX 或 WebSocket 的动态更新这些网页可以是小到磁盘上的一个简单的 HTML 文件，大到多元架构提供用户特定的内容。Nginx 是模块化的设计，并且被设计为用来处理任何类型的 HTTP 的服务需要。

在这一章，我们共同研究它的各种模块协调 Nginx 一起工作，将 Nginx 构建为一个可扩展的 HTTP 服务器。本章包含以下内容。

- Nginx 的系统架构。
- HTTP 核心模块。
- 使用 limits 防止滥用。
- 约束访问。
- 流媒体文件。
- 预定义变量。
- SPDY 和 HTTP/2。
- 使用 Nginx 和 PHP-FPM。
- 将 Nginx 和 uWSGI 结合。

6.1 Nginx 的系统架构

Nginx 包含一个单一的 master 进程和多个 worker 进程。所有这些进程都是单线程，并且设计为同时处理成千上万个连接。worker 进程是处理连接的地方，因为这个组件就是用于处理客户端请求的。Nginx 使用了操作系统事件机制来快速响应这些请求。

Nginx 的 master 进程负责读取配置文件、处理套接字、派生 worker 进程、打开日志文件和编译嵌入式的 Perl 脚本。master 进程是一个可以通过处理信号响应来管理请求的进程。

Nginx 的 worker 进程运行在一个忙碌的事件循环处理中，用于处理进入的连接。每一个 Nginx 模块被构筑在 worker 中，因此任何请求处理、过滤、处理代理的连接和更多的操作都在 worker 进程中完成。由于这种 worker 模型，操作系统能够单独处理每一个进程，并且调度处理程序最佳地运行在每一个处理器内核上。如果有任何阻塞 worker 进程的进程，例如，磁盘 I/O，那么需要配置的 worker 进程要多于 CPU 内核数，以便于处理负载。

还有少数辅助程序的 Nginx 的 master 进程用于处理专门任务。在这些进程中有 cache loader 和 cache manager 进程。cache loader 进程负责 worker 进程使用缓存的元数据准备。cache manager 进程负责检查缓存条目及有效期。

Nginx 建立在一个模块化的方式之上。master 进程提供了每个模块可以执行其功能的基础，每一个协议和处理程序作为自己的模块执行，各个模块链接在一起成为一个管道来处理连接和请求。在处理完成一个请求之后，交给一系列过滤器，在这些过滤器中响应会被处理。这些过滤器有的处理子请求，有的是 Nginx 的强大功能之一。

子请求是 Nginx 根据客户端发送的不同 URI 返回的不同结果。这依赖于配置，它们可能会多重嵌套和调用其他的子请求。过滤器能够从多个子请求收集响应，并且将它们组合成一个响应发送给客户端。然后，最终确定响应并将其发送到客户端。在这种方式下，可以让多个模块发挥作用。参考 http://www.aosabook.org/en/nginx.html，获取 Nginx 内部的详细解释。

在本章的剩余部分，我们将探索 http 模块以及一些辅助模块。

6.2 HTTP 核心模块

http 模块是 Nginx 的核心模块，通过 http 处理客户端的所有交互。关于该模块的如下内容，我们已经在第 2 章中讨论过。

- 客户端指令。
- 文件 I/O 指令。
- Hash 指令。

- Socket 指令。
- listen 指令。
- 匹配 server_name 的请求和 location 指令。

我们还将在本章看到其余的指令，且按照类型分开。

6.2.1 server 指令

指令 server 开始了一个新的上下文（context），到目前为止，我们贯穿全书都会看到它的用法示例，尚未对默认服务器（default server）进行深入的讲述。

在 Nginx 中，默认服务器是指特定配置文件中监听同一 IP 地址、同一端口作为另一个服务器中的第一个服务器。默认服务器也可以通过为 listen 指令配置 default_server 参数来实现。

默认服务器定义一组通用指令，监听在相同 IP 地址和端口的随后的服务器将会重复利用这些指令。

```
server {

  listen 127.0.0.1:80;

  server_name default.example.com;

  server_name_in_redirect on;

}

server {

  listen 127.0.0.1:80;

  server_name www.example.com;

}
```

在上面的例子中，www.example.com 服务器如同 default.example.com 服务器一样，在 server_name_in_redirect 指令中被设置为 on。注意，通常这两个服务器都不使用 listen 指令也能够正常工作，因为它们仍旧都匹配相同的 IP 地址和端口号（由于 listen 监听的端口号默认值为*:80）。虽然继承不能保证，但是随着时间的变化，也有一些指令能够被继承。

对于默认主机来说，一个比较好的使用方法是处理没有 Host 头的任何 IP 地址和端口号的请求。如果你不想默认的服务器处理没有 Host 头的请求，那么可以在 server_name 指令中设置一个空值。这个服务器将会处理相应请求。

```
server {

  server_name "";

}
```

表 6-1 总结了有关服务器的指令。

表 6-1　　HTTP server 指令

HTTP server 指令	说明
port_in_redirect	该指令确定 Nginx 是否对端口指定重定向
server	该指令创建一个新的配置区段，定义一个虚拟主机。listen 指令指定 IP 地址和端口号，server_name 指令列举用于匹配的 Host 头值
server_name	该指令配置用于响应请求的虚拟主机名称
server_name_in_redirect	在该 Context 中，对任何由 Nginx 发布的重定向，该指令都使用 Server_name 指令的第一个值来激活
server_tokens	在错误信息中，该指令禁止发送 Nginx 的版本号和 Server 响应头（默认值为 on）

6.2.2 Nginx 中的日志

Nginx 有一个非常灵活的日志记录模式。配置文件的每一个级别都可以有访问日志。此外，在每一个级别上可以指定多个访问日志，每一个日志用一个不同的 log_format 指令。log_format 指令允许你明确指定记录要记载的内容，该指令需要在 http 部分内定义。

日志文件的路径自身可以包括变量，以便你能构建一个动态的配置文件。下面的例子说明了在实践中如何配置它们。

```
http {

  log_format vhost '$host $remote_addr - $remote_user
    [$time_local] '
  '"$request" $status $body_bytes_sent '
  '"$http_referer" "$http_user_agent"';

  log_format downloads '$time_iso8601 $host $remote_addr '
```

```
'"$request" $status $body_bytes_sent $request_
  time';

open_log_file_cache max=1000 inactive=60s;

access_log logs/access.log;

server {

  server_name ~^(www\.)?(.+)$;

  access_log logs/combined.log vhost;

  access_log logs/$2/access.log;

  location /downloads {

    access_log logs/downloads.log downloads;

  }

}

}
```

表 6-2 描述了前面代码中使用的指令。

表 6-2 HTTP 日志指令

HTTP 日志指令	说明
access_log	该指令描述在哪里、怎么样写入访问日志。第一个参数是日志文件被存储位置的路径。在构建的路径中可以使用变量，特殊值 off 可以禁止记录访问日志。第二个可选参数用于指定 log_format 指令设定的日志格式。如果未配置第二个参数，那么将会使用预定义的 combined 格式。如果写缓存用于记录日志，第三个可选参数则指明了写缓存的大小。如果使用写缓存，这个大小不能超过写文件系统的原子磁盘大小。如果第三个参数是 gzip，那么缓冲日志将会被动态压缩，在构建 Nginx 二进制时需要提供 zlib 库。最后一个参数是 flush，表明在将缓冲日志数据冲洗到磁盘之前，它们能够在内存中停留的最大时间
log_format	该指令指定出现在日志文件的字段和采用什么样的格式。日志中指定日志的变量参考表 6-3
log_not_found	该指令禁止在错误日志中报告 404 错误（默认值为 on）
log_subrequest	该指令在访问日志中启用记录子请求（默认值为 off）

续表

HTTP 日志指令	说明
open_log_file_cache	该指令存储 access_logs 在路径中使用到的打开的变量文件描述符的缓存。用到的参数如下。 ◆ max：该指令指定文件描述符在缓存中的最大数量。 ◆ inactive：在文件描述符被关闭之前，使用该参数表明 Nginx 将会等待一个时间间隔用于写入该日志。 ◆ min_uses：使用该参数表明文件描述符被使用的次数，在 inactive 时间内达到指定的次数，该文件描述符将会被保持打开。 ◆ valid：使用该参数表明 Nginx 将经常检查此文件描述符是否仍有同名文件匹配。 ◆ off：该参数禁止缓存

在下面的例子中，日志条目使用的 gzip 压缩为 4 级。缓存默认为 64 KB，而且至少每分钟都将缓存刷新到磁盘。

```
access_log /var/log/nginx/access.log.gz combined gzip=4 flush=1m;
```

注意，当指定了 gzip 后，则不可选用 log_format 参数。log_format 指令的组合参数默认构造如下。

```
log_format combined '$remote_addr - $remote_user [$time_local] '
'"$request" $status $body_bytes_sent '
'"$http_referer" "$http_user_agent"';
```

正如你看到的，使用换行符可以增加可读性。这种写法不会影响 log_format 指令本身。任何变量都可以在 log_format 指令中使用。表 6-3 中标有星号（*）的变量是特定记录，并且仅可以在 log_format 指令中使用。你可以将其他变量用于配置文件的任何地方。

表 6-3　　日志格式变量名称

日志格式变量名称	值
$body_bytes_sent	该变量指定发送到客户端的字节数，不包括响应头
$bytes_sent	该变量指定发送到客户端的字节数
$connection	该变量指定一个串号，用于标识一个唯一的连接
$connection_requests	该变量指定通过一个特定连接的请求数
$msec	该变量指定以秒为单位的时间，毫秒级别
$pipe *	该变量指示请求是否是管道（p）
$request_length *	该变量指定请求的长度，包括 HTTP 方法、URI、HTTP 协议、头和请求体

续表

日志格式变量名称	值
$request_time	该变量指定请求的处理时间，毫秒级，从客户端接收到第一个字节到客户端接收完最后一个字节
$status	该变量指定响应状态
$time_iso8601 *	该变量指定本地时间，ISO8601 格式
$time_local *	该变量指定本地时间普通的日志格式（%d/%b/%Y:%H:%M:%S %z）

在这一部分中，我们聚焦了 access_log 以及该指令在使用中如何配置。你也可以配置 Nginx 记录错误，在第 9 章“故障排除技巧”中有 error_log 指令的描述。

6.2.3　查找文件

Nginx 为了响应一个请求，它将请求传递给一个内容处理程序，由配置文件中的 location 指令决定处理。无条件内容处理程序首先被尝试：perl、proxy_pass、flv、mp4 等。如果这些处理程序都不匹配，那么 Nginx 会将该请求按顺序传递给下列操作之一，顺序依次是：random index、index、autoindex、gzip_static、static。处理以斜线结束请求的是 index 处理程序。如果 gzip 没有被激活，那么 static 模块会处理该请求。这些模块如何在文件系统上找到适当的文件或者目录则由某些指令组合来决定。root 指令最好定义在一个默认的 server 指令内，或者至少在一个特定的 location 指令之外定义，以便它的有效界限为整个 server。

```
server {

  root /home/customer/html;

  location / {

    index index.html index.htm;

  }
  location /downloads {

    autoindex on;
  }

}
```

在前面的这个例子中，任何被访问的文件都会在 root 指令下的/home/customer/html 目录中找到。如果客户只输入了域名部分，那么 Nginx 将会尝试提供 index.html 文件，如果该文件不存在，那么 Nginx 将会尝试提供 index.htm。如果一个客户在他的浏览器中输入了/downloads URI 部分，那么他们将看到一个 HTML 格式的目录列表。这种方式使得用户访问愿意提供软件下载的网站变得容易了。Nginx 将会自动重写目录的 URI，以便以斜线结尾的请求发生 HTTP 重定向。Nginx 会将 URI 附加在 root 指令之后去查找文件，然后再将文件投递给客户端。

如果该文件不存在，那么客户端会收到 404 Not Found 的错误信息。如果你不想让客户端返回这类错误信息，那么有一个选择是从文件系统中不同位置尝试投递用户访问的文件，如果所提供的这些选项没有一个能够提供页面，那么最后将会有一个通用的页面被访问。你可以使用 try_files 指令，如下所示。

```
location / {

  try_files $uri $uri/ backups$uri /generic-not-found.html;

}
```

为安全起见，Nginx 能够检查被投递文件的路径，如果路径中有包含链接的文件，那么将会给客户端返回错误。

```
server {

  root /home/customer/html;

  disable_symlinks if_not_owner from=$document_root;

}
```

在前面的例子中，如果在/home/customer/html 路径之后有符号链接，并且符号链接和文件不是同一个用户 ID，那么 Nginx 将会返回一个“Permission Denied”的错误。

表 6-4 总结了这些指令。

表 6-4　　HTTP 文件路径指令

HTTP 文件路径指令	说明
disable_symlinks	该指令确定在将一个文件提交给客户端之前，检查其是否是一个符号链接。可以设定的参数如下。 ◆ off：该参数禁止检查符号链接（默认值）。 ◆ on：在该参数中，如果路径中的任何一部分是一个链接，那么拒绝访问。 ◆ if_not_owner：在该参数中，如果路径中的任何一部分是一个链接，而且链接有不同的文件宿主，那么禁止访问。 ◆ from=part：指定了该参数后，如果指定了部分路径，那么到这部分之前对符号链接是不做检查的，而之后的部分就会按照 on 或者 if_not_owner 参数检查

续表

HTTP 文件路径指令	说明
root	该指令设置文档的根目录。URI 将会附加在该指令的值后，你可以在文件系统中找到具体的文件
try_files	该指令对于给定的参数测试文件的存在性。如果前面的文件都没有找到，那么最后的条目将会作为备用，所以确保最后一个路径或者命名的 location 存在，或者通过=<status code>设置一个返回状态代码

6.2.4　域名解析

如果在 upstream 或*_pass 指令中使用了逻辑名字而不是 IP 地址，那么 Nginx 将会默认使用操作系统的解析器来获取 IP 地址，这些地址是真实连接到后端服务器的 IP 地址。这种情况只会发生一次，而且是在 upstream 第一次被请求的时候发生。如果在*_pass 指令中使用了变量，那么根本就不会发生解析。尽管在 Nginx 中使用单独配置 resolver 指令是可行的，通过此命令你可以覆盖掉由 DNS 返回的 TTL，而且也可以在*_pass 指令中使用变量。

```
server {

  resolver 192.168.100.2 valid=300s;

}
```

如表 6-5 所示，该表总结了域名解析指令。

表 6-5　　域名解析指令

域名解析指令	说明
resolver	该指令配置一个或者多个域名服务器，用于解析上游服务器，将上游服务器的名字解析为 IP 地址。有一个可选的 valid 参数，它将会覆盖掉域名记录中的 TTL

为了使得 Nginx 能够重新解析 IP 地址，可以将逻辑名放在变量中。当 Nginx 解析到这个变量时，它会让 DNS 查找并获取该 IP 地址。因此要完成这个工作，则必须配置 resolver 指令。

```
server {

  resolver 192.168.100.2;

  location / {

    set $backend upstream.example.com;

    proxy_pass http://$backend;
```

```
    }

}
```

当然，依赖于 DNS 查找上游服务器，依靠 resolver 总是有效的。当 resolver 不可达时，会发生网关错误。为了使客户端等待时间尽可能的短，指令 resolver_timeout 的参数应该设置得尽可能的低。网关错误可以由专门设置的 error_page 处理。

```
server {

    resolver 192.168.100.2;

    resolver_timeout 3s;

    error_page 504 /gateway-timeout.html;
    location / {
      proxy_pass http://upstream.example.com;

    }

}
```

resolver_timeout 现在仅适用于商业订阅。

6.2.5 客户端交互

Nginx 与客户端交互的方式有多种，这些方式可以从连接本身（IP 地址、超时、存活时间等）到内容协商头的属性。在表 6-6 中列出了指令，并描述了如何设置各种头和响应代码，以便客户端请求正确的页面或者是从自己的缓存中提供页面。

表 6-6　　HTTP 客户端交互指令

HTTP 客户端交互指令	说明
default_type	该指令设置响应的默认 MIME 类型。如果文件的 MIME 类型不能被 types 指令指定的类型正确地匹配，那么将会使用该指令指定的类型
error_page	该指令定义一个用于访问的 URI，在遇到设置的错误代码时将会由该 URI 提供访问。使用=号参数可以改变响应代码。如果=号的参数为空，那么响应代码来自于后面的 URI，在这种情况下必须由某种上游服务器提供

续表

HTTP 客户端交互指令	说明
etag	对于静态资源，该指令禁止自动产生 ETag 响应头（默认值为 on）
if_modified_since	通过比较 If-Modified-Since 请求头的值，该指令控制如何修改响应时间。 ◆ off：该参数忽略 If-Modified-Since 头。 ◆ exact：该参数精确匹配（默认）。 ◆ before：该参数修改响应时间小于或者等于 If-Modified-Since 头的值
ignore_invalid_headers	该指令禁止忽略无效名字的头（默认值为 on）。一个有效的名字是由 ASCII 字母、数字、连字符号，可能还会由下画线（由 underscores_in_headers 指令控制）组成
merge_slashes	该指令禁止移除多个斜线。默认值为 on，这意味着 Nginx 将会压缩两个或者更多个/字符为一个
recursive_error_pages	该指令启用 error_page 指令（默认值为 off）实现多个重定向
types	该指令设置 MIME 类型到文件扩展名的映射。Nginx 在 conf/mime.types 文件中包含了大多数 MIME 类型的映射。大多数情况下使用 include 载入该文件就足够了
underscores_in_headers	该指令在客户请求头中启用使用下画线字符。如果保留了默认值 off，那么评估这样的头将服从于 ignore_invalid_headers 指令的值

error_page 指令是 Nginx 中最灵活的指令，通过使用这条指令，当有任何条件的错误出现时，我们都可以提供任何页面。这个页面可以是在本机上，也可以是由应用程序服务器提供的动态页面，甚至是在一个完全不同站点上的页面。

```
http {

  # a generic error page to handle any server-level errors
  error_page 500 501 502 503 504 share/examples/nginx/50x.html;

  server {

    server_name www.example.com;

    root /home/customer/html;

    # for any files not found, the page located at
    # /home/customer/html/404.html will be delivered
    error_page 404 /404.html;
```

```
    location / {

        # any server-level errors for this host will be directed
        # to a custom application handler
        error_page 500 501 502 503 504 = @error_handler;

    }

    location /microsite {

        # for any non-existent files under the /microsite URI,
        # the client will be shown a foreign page
        error_page 404 http://microsite.example.com/404.html;

    }

    # the named location containing the custom error handler
    location @error_handler {

        # we set the default type here to ensure the browser
        # displays the error page correctly
        default_type text/html;

        proxy_pass http://127.0.0.1:8080;

    }

  }

}
```

6.3 使用 limit 指令防止滥用

我们创办和构建网站是为了让用户访问它们，我们希望网站随时可用于合法访问。这意味着，我们可能不得不采取措施限制访问滥用的用户。我们定义“滥用”的意思是从同一个 IP 地址每秒到服务器请求的一个连接数。滥用也可能是采取分布式拒绝服务（Distributed Denial-of-Service，DDoS）攻击的形式，在同一时间内在世界各地的多台机器上运行的所有机器人多次尝试访问该网站。在本节中，我们将探讨对付各种滥用类型的方法，以确保我们的网站是可用的。

首先，让我们看一下不同的配置指令，这些指令如表 6-7 所示，这将有助于我们实现我们的目标。

表 6-7 HTTP limit 指令

HTTP limit 指令	说明
limit_conn	该指令指定一个共享内存域（由指令 limit_conn_zone 配置），并且指定每个键-值对的最大连接数
limit_conn_log_level	由于配置了 limit_conn 指令，在 Nginx 限制连接且达到连接限制时，此时将会产生错误日志，该指令用于设置日志的错误级别
limit_conn_zone	该指令指定一个 key，限制在 limit_conn 指令中作为第一个参数。第二个参数 zone，表明用于存储 key 的共享内存区名字、当前每个 key 的连接数量以及 zone 的大小（name:size）
limit_rate	该指令限制客户端下载内容的速率（单位为字节/秒）。速率限制在连接级别，这意味着一个单一的客户可以打开多个连接增加其吞吐量
limit_rate_after	在完成设定的字节数之后，该指令启用 limit_rate 限制
limit_req	在共享内存（同 limit_req_zone 一起配置）中，对特定 key 设置并发请求能力的限制。并发数量可以通过第二个参数指定。如果要求在两个请求之间没有延时，那么需要配置第三个参数 nodelay
limit_req_log_level	在 Nginx 使用了 limit_req 指令限制请求数量后，通过该指令指定在什么级别下报告日志记录。在这里延时（delay）记录级别要小于指示（indicated）级别
limit_req_zone	该指令指定 key，限制在 limit_req 指令中作为第一个参数。第二个参数 zone，表明用于存储 key 的共享内存名字、当前每个 key 的请求数量，以及 zone 的大小（name:size）。第三个参数 rate，表明配置在受到限制之前，每秒（r/s）请求数，或者每分钟请求数（r/m）
max_ranges	该指令设置在 byte-range 请求中最大的请求数量。设置为 0，禁用对 byte-range 的支持

在这里，我们限制每一个唯一 IP 地址访问限制在 10 个连接。对于通常的浏览，这个数值应该足够了，现代的浏览器每一个主机会打开两个或者三个连接。需要注意的是，在代理上网的后面可能会有很多个用户，他们都是从同一 IP 地址来的，所以在日志中会记录有 503（Service Unavailable）错误代码，这意味着该限制已生效。

```
http {

  limit_conn_zone $binary_remote_addr zone=connections:10m;

  limit_conn_log_level notice;

  server {
```

```
        limit_conn connections 10;

    }

}
```

基于速率的访问限制看起来几乎相同，但是工作原理有点不同。在限制每个单元时间内一个用户可以请求多少个页面时，Nginx 将会在第一个页面请求后插入一个延时，直到这段时间过去。这可能是你想要的，也可能是你不想要的，因此 Nginx 提供了可以消除这种延时的方法，可以通过 nodelay 参数实现。

```
http {

    limit_req_zone $binary_remote_addr zone=requests:10m rate=1r/s;

    limit_req_log_level warn;

    server {

        limit_req zone=requests burst=10 nodelay;

    }
}
```

我们还可以限制每个客户端的带宽。这种方法可以确保一些客户端不会把所有可用的带宽占用完。警告：尽管 limit_rate 指令是连接基础，一个允许打开多个连接的客户端仍然可以绕开这个限制。

```
location /downloads {

    limit_rate 500k;
}
```

或者我们允许小文件自由下载，但对于大文件则使用这种限制。

```
location /downloads {

    limit_rate_after 1m;

    limit_rate 500k;

}
```

组合这些不同的速率限制设置，我们能够创建一个非常灵活的配置，关于怎么样以及在何处的客户是受限的。

```
http {

  limit_conn_zone $binary_remote_addr zone=ips:10m;

  limit_conn_zone $server_name zone=servers:10m;

  limit_req_zone $binary_remote_addr zone=requests:10m rate=1r/s;

  limit_conn_log_level notice;

  limit_req_log_level warn;

  # immediately release socket buffer memory on timeout
  reset_timedout_connection on;

  server {

    # these limits apply to the whole virtual server
    limit_conn ips 10;
    # only 1000 simultaneous connections to the same server_name
    limit_conn servers 1000;

    location /search {

      # here we want only the /search URL to be rate-limited
      limit_req zone=requests burst=3 nodelay;

    }

    location /downloads {

      # using limit_conn to ensure that each client is
        # bandwidth-limited
      # with no getting around it
      limit_conn connections 1;

      limit_rate_after 1m;

      limit_rate 500k;
```

```
      }

    }

}
```

6.4 约束访问

在前面的章节中，我们讨论了在 Nginx 下限制对网站的滥用访问。现在，我们看一下如何限制访问整个网站或它的某些部分。在这里，访问限制可以采取两种形式，对一组特定的 IP 地址限制，或者对一组特定用户限制。这两种方法也可以结合起来使用，以满足无论是从一组特定的 IP 地址，或者是能够用有效的用户名和密码进行身份验证的用户网站的访问要求。

下面的指令将帮助我们实现这些目标，如表 6-8 所示。

表 6-8 HTTP access 模块指令

HTTP access 模块指令	说明
allow	该指令允许从这个 IP 地址、网络或者值为 all 的访问
auth_basic	该指令启用基于 HTTP 基本认证。以字符串作为域的名字。如果设置为 off，那么表示 auth_basic 不再继承上级的设置
auth_basic_user_file	该指令指定一个文件的位置，该文件的格式为 username: password: comment，用于用户认证。password 部分需要使用密码算法加密处理。comment 是可选的部分
deny	该指令禁止从 IP 地址、网络或者值为 all 的访问
satisfy	如果前面的指令使用了 all 或者 any，那么允许访问。默认值为 all，表示用户必须来自于一个特定的网络地址，并且输入正确的密码

约束客户端访问来自于某一个特定的 IP 地址，allow 和 deny 指令可以进行如下设置。

```
location /stats {

  allow 127.0.0.1;
  deny all;

}
```

上面的配置仅允许本地访问/stats URI。

为了约束认证用户访问，在下面的配置中使用了 auth_basic 和 auth_basic_user_file 指令。

```
server {

  server_name restricted.example.com;

  auth_basic "restricted";

  auth_basic_user_file conf/htpasswd;

}
```

任何想访问 restricted.example.com 的用户都需要提供匹配 conf 目录下 htpasswd 文件中的条目，conf 目录依赖于 Nginx 的 root 目录。在 htpasswd 文件中的条目可以使用任何有效的使用标准 UNIX crypt()函数产生的工具。例如，下面的 Ruby 脚本将会生成一个适当格式的文件。

```
#!/usr/bin/env ruby

# setup the command-line options
require 'optparse'

OptionParser.new do |o|

o.on('-f FILE') { |file| $file = file }

o.on('-u', "--username USER") { |u| $user = u }

o.on('-p', "--password PASS") { |p| $pass = p }

o.on('-c', "--comment COMM (optional)") { |c| $comm = c }

o.on('-h') { puts o; exit }

o.parse!

if $user.nil? or $pass.nil?
puts o; exit

end
end

# initialize an array of ASCII characters to be used for the salt
ascii = ('a'..'z').to_a + ('A'..'Z').to_a + ('0'..'9').to_a + [
  ".", "/" ]
```

```
$lines = []

begin

# read in the current http auth file
File.open($file) do |f|

f.lines.each { |l| $lines << l }

end

rescue Errno::ENOENT

# if the file doesn't exist (first use), initialize the array
$lines = ["#{$user}:#{$pass}\n"]

end

# remove the user from the current list, since this is the one
  we're editing
$lines.map! do |line|

unless line =~ /#{$user}:/

line

end

end

# generate a crypt()ed password
pass = $pass.crypt(ascii[rand(64)] + ascii[rand(64)])
# if there's a comment, insert it
if $comm

$lines << "#{$user}:#{pass}:#{$comm}\n"

else

$lines << "#{$user}:#{pass}\n"
```

```
end

# write out the new file, creating it if necessary

File.open($file, File::RDWR|File::CREAT) do |f|

$lines.each { |l| f << l}

end
```

将该文件保存为 http_auth_basic.rb，并且给定文件名（-f）、用户（-u）和 password（-p），将会生成 Nginx 的 auth_basic_user_file 指令，指定文件中适当的条目。

```
$ ./http_auth_basic.rb -f htpasswd -u testuser -p 123456
```

如果没有设置从特定 IP 地址来的用户，在使用用户名和密码的处理方案中仅需要输入用户名和密码，Nginx 有个 satisfy 指令，这里使用了 any 参数，这是一种非此即彼的方案。

```
server {

  server_name intranet.example.com;

  location / {

    auth_basic "intranet: please login";

    # select a user/password combo from this file
    auth_basic_user_file conf/htpasswd-intranet;

    # unless coming from one of these networks
    allow 192.168.40.0/24;

    allow 192.168.50.0/24;

    # deny access if these conditions aren't met
    deny all;

    # if either condition is met, allow access
    satisfy any;
  }
}
```

然而，如果需要为来自特定 IP 地址的用户配置并提供认证，那么在默认情况下使用 all 参数。因此，我们忽略 satisfy 指令本身，并且仅包括 allow、deny、auth_basic 和 auth_basic_user_file。

```
server {

  server_name stage.example.com;

  location / {

    auth_basic "staging server";

    auth_basic_user_file conf/htpasswd-stage;

    allow 192.168.40.0/24;

    allow 192.168.50.0/24;

    deny all;
  }
}
```

6.5 流媒体文件

Nginx 能够提供一定的视频媒体类型。flv 和 mp4 模块包括在基本的发布中，它们能够提供伪流媒体（pseudo-streaming）。这就意味着 Nginx 将会在特定的 location 中搜索视频文件，通过 start 请求参数来指明。

为了使用伪流媒体功能，需要在编译时添加相应的模块：--with-http_flv_module 用于 Flash 视频（FLV）文件，--with-http_mp4_module 用于 H.264/AAC 文件。表 6-9 中的指令将在配置中有效。

表 6-9　HTTP 流指令

HTTP 流指令	说明
flv	该指令在该 location 中激活 flv 模块
mp4	该指令在该 location 中激活 mp4 模块
mp4_buffer_size	该指令设置投递 MP4 文件的初始缓冲大小
mp4_max_buffer_size	该指令设置处理 MP4 元数据使用的最大缓冲

在一个 location 中，激活 FLV 伪流媒体只需要简单地配置 flv 指令。

```
location /videos {
```

```
  flv;

}
```

MP4 伪流媒体有更多的选项，就像 H.264 格式包括需要解析的元数据一样。一旦播放器解析到“moov atom”，那么搜索有效。因此优化性能，以便确保元数据在文件的开始部分。如果日志中有类似以下的错误消息，那么就需要增加 mp4_max_buffer_size 指令值的大小。

```
mp4 moov atom is too large
```

增加 mp4_max_buffer_size 值的大小指令如下。

```
location /videos {

  mp4;

  mp4_buffer_size 1m;

  mp4_max_buffer_size 20m;

}
```

6.6 预定义变量

基于变量值使得构建 Nginx 配置变得容易。你不仅能够使用 set 或者 map 指令自己设置指令，而且也可以在 Nginx 内部使用预定义变量。为了快速优化变量，并且该缓存变量的值也将在整个请求内有效。你可以在 if 声明中使用它们作为一个 key，或者将它们传递到代理服务器。如果你定义了自己的 log 文件格式，其中一些变量是可以使用的。如果你试图重新定义它们，那么将会得到一条类似以下的错误消息。

```
<timestamp> [emerg] <master pid>#0: the duplicate "<variable_name>"
variable in <path-to-configuration-file>:<line-number>
```

在配置中，它们也不会做宏扩展，它们几乎是在运行时使用。

如表 6-10 所示，在 http 模块中定义了下列变量和值。

表 6-10　HTTP 变量名称

HTTP 变量名称	值
$arg_name	该变量指定在请求中的 name 参数
$args	该变量指定所有请求参数

续表

HTTP 变量名称	值
$binary_remote_addr	该变量指定客户端 IP 地址的二进制格式（通常 4 字节的长度）
$content_length	该变量指定请求头 Content-Length 的值
$content_type	该变量指定请求头 Content-Type 的值
$cookie_name	该变量指定 cookie 标签名字
$document_root	该变量指定当前请求中指令 root 或者 alias 的值
$document_uri	该变量指定$uri 的别名
$host	如果当前有 Host，该变量则指定请求头 Host 的值；如果没有这个头，那么该值等于匹配该请求的 server_name 的值
$hostname	该变量指定运行 Nginx 主机的主机名
$http_name	该变量指定请求头 name 的值。如果这个头有破折号，那么它们会被转换为下画线，大写字母转为小写字母
$https	如果连接是通过 SSL 的，那么这个变量的值是 on，否则为空字符串
$is_args	如果请求有参数，那么该变量的值为？，否则为空字符串
$limit_rate	该变量指定指令 limit_rate 的值，如果没有设置，允许速率限制使用这个变量
$nginx_version	该变量指定允许 Nginx 二进制的版本
$pid	该变量指定 worker 进程的 ID
$query_string	该变量指定$args 的别名
$realpath_root	该变量指定当前请求中指令 root 和 alias 的值，用所有的符号链接解决问题
$remote_addr	该变量指定客户端的 IP 地址
$remote_port	该变量指定客户端的端口
$remote_user	在使用 HTTP 基本认证时，这个变量用于设置用户名
$request	该变量指定从客户端收到的完整请求，包括 HTTP 请求方法、URI、HTTP 协议、头、请求体
$request_body	该变量指定请求体，在 location 中由*_pass 指令处理
$request_body_file	该变量指定临时文件的路径，在临时文件中存储请求体。对于这个被保存的文件，client_body_in_file_only 指令需要被设置为 on
$request_completion	如果请求完成，该变量的值为 OK，否则为空字符串
$request_filename	该变量指定当前请求文件的路径及文件名，基于 root 或者 alias 指令的值加上 URI
$request_method	该变量指定当前请求使用的 HTTP 方法
$request_uri	该变量指定完整请求的 URI，从客户端来的请求，包括参数

续表

HTTP 变量名称	值
$scheme	该变量指定当前请求的协议，不是 HTTP，就是 HTTPS
$sent_http_name	该变量指定响应头名字的值。如果这个头有破折号，那么它们将会被转换为下画线，大写字母被转换为小写
$server_addr	该变量指定接受请求服务器的地址值
$server_name	该变量指定接受请求的虚拟主机 server_name 的值
$server_port	该变量指定接受请求的服务器端口
$server_protocol	该变量指定在当前请求中使用的 HTTP 协议
$status	该变量指定响应状态
$tcpinfo_rtt、$tcpinfo_rttvar、$tcpinfo_snd_cwnd 与 $tcpinfo_rcv_space	如果系统支持 TCP_INFO 套接字选项，这些变量将会被相关的信息填充
$uri	该变量指定当前请求的标准化 URI

6.7 SPDY 和 HTTP/2

由 Google 开发的 SPDY 协议用于加速网络浏览体验。目前有 4 个草案；在 Nginx 中支持的最后一个草案标记为草案 3.1。Nginx 从 1.5.10 版本起便支持该草案。

协议开发人员还批准了 HTTP/2。SPDY 已被弃用；所有支持将于 2016 年结束。它被 HTTP 版本 2（HTTP/2）取代，Nginx 自 1.9.5 版本以来便一直支持

在编译时，可以通过包含 compile-time 标记、--with-http_v2_module 来激活 Nginx 对 HTTP/2 的支持。这使得如下指令在配置时有效，如表 6-11 所示。

表 6-11　　HTTP/2 指令

HTTP/2 指令	说明
http2_chunk_size	该指令设置响应体的最大值
http2_idle_timeout	该指令指定连接关闭后闲置的时间
http2_max_concurrent_streams	该指令设置在单个连接中活动的 HTTP/2 流的数量
http2_max_field_size	该指令设置压缩请求头字段的最大值
http2_max_header_size	该指令设置未压缩请求头的最大值
http2_recv_buffer_size	该指令指定每个 worker 进程的输入缓冲的大小
http2_recv_timeout	该指令指定客户端在连接关闭之前必须发送数据的时间

HTTP/2 模块被认为是实验性的，因此在激活它时用户应该谨慎。由于大多数浏览器仅在加密连接下才支持 HTTP/2，因此最佳做法是通过 listen 指令的 http2 关键字来激活它。

```
server {

  listen 443 ssl http2;

  ssl_certificate www.example.com.crt;

  ssl_certificate_key www.example.com.key;

}
```

由于应用层协议协商（Application-Layer Protocol Negotiation，ALPN）的支持，使用 TLS 的 HTTP/2 需要 OpenSSL1.0.2。请确保你的 Nginx 二进制在编译时至少使用该版本的 OpenSSL。

6.8 使用 Nginx 和 PHP-FPM

对于提供 PHP 服务的 Web 站点来说，很长一段时间内 Apache 被认为是仅有的选择，因为 mod_php Apache 模块使得 PHP 很容易直接集成到 Web 服务器。在 PHP 的发布中，现在有一种替代品，PHP-FPM 使得 PHP 内核接受连接，PHP-FPM 是将 PHP 运行在 FastCGI 服务器下的一种方法。PHP-FPM 的 master 进程派生 worker 进程，适应站点使用，在必要的时候重新启动子进程。使用 FastCGI 协议与其他的服务进行通信。如果想了解关于 PHP-FPM 自身更多的信息，你可以访问 http://php.net/manual/en/ install. fpm.php。

Nginx 有一个 fastcgi 模块，它不仅能够接受 PHP-FPM，而且能够与任何兼容 FastCGI 协议的服务器通信。该模块默认被启用，因此不需要特别的配置就能够使得 Nginx 使用 FastCGI 服务器。表 6-12 列出了 FastCGI 指令，如下所示。

表 6-12　　FastCGI 指令

FastCGI 指令	说明
fastcgi_buffer_size	该指令为来自 FastCGI 服务器响应头的第一部分设置缓冲大小
fastcgi_buffers	该指令设置来自 FastCGI 服务器响应的缓冲数量和大小，用于单个连接
fastcgi_busy_buffers_size	该指令指定缓冲区总的大小，它们都分配给发送响应至客户端使用，同时仍从 FastCG 读取服务器。典型的设置是将其值设置为 fastcgi_buffers 的两倍

续表

FastCGI 指令	说明
fastcgi_cache	该指令定义一个共享的内存 zone，用于缓存
fastcgi_cache_bypass	该指令指定一个或多个字符串变量，当非空或非零时，将导致从 FastCGI 服务器获取而不是从缓存中获取响应
fastcgi_cache_key	该指令指定一个字符串，被作为存储和获取缓存值的 key
fastcgi_cache_lock	启用这个指令将会阻止多个请求对同一个缓存 key 进行操作
fastcgi_cache_lock_timeout	该指令指定一个请求将会等待的时间长度，用于控制缓存条目在缓存中出现的时间或者 fastcgi_cache_lock 被释放的时间
fastcgi_cache_min_uses	该指令指定在一个响应被缓存之前最少的请求数
fastcgi_cache_path	该指令用于设置存储缓存响应的目录和存储活跃的 key 和响应元数据的共享内存 zone（keys_zone = name:size）。可选参数如下。 ◆ levels：该参数指定冒号分隔的在每一级（一个或两个）的子目录名长度，最深为三级目录。 ◆ inactive：该参数指定在弹出之前一个不活动的响应停留在缓存的最大时间长度。 ◆ max_size：该参数指定缓存的最大值，在超出这个值后，缓存管理进程将会移除最近最少使用的缓存条目。 ◆ loader_files：该参数指定载入缓存文件的最大数量，它们的元数据被缓存载入进程迭代载入。 ◆ loader_sleep：该参数指定每一次迭代的缓存装载过程之间停下来的毫秒数。 ◆ loader_threshold:该参数指定缓存装载器迭代载入可能采取的最大时间长度
fastcgi_cache_use_stale	如果在访问 FastCGI 服务器时发生错误，接受提供的陈旧缓存数据。updating 参数表示刷新数据被加载
fastcgi_cache_valid	该指令指定对响应代码为 200301 或 302 有效响应缓存的时间长度。如果在时间参数之前给定可选的响应代码，那么时间将仅对该响应代码有效。特定参数 any 表示任何响应代码都缓存指定的时间长度
fastcgi_connect_timeout	在 Nginx 向 FastCGI 服务器生成一个请求后，该指令指定 Nginx 将等待它接受连接的最长时间
fastcgi_hide_header	该指令列出不应该传递到客户端的头列表
fastcgi_ignore_client_abort	如果该指令设置为 on，在客户端放弃连接后，Nginx 将不会放弃同 FastCGI 服务器的连接
fastcgi_ignore_headers	在处理来自于 FastCGI 服务器的响应时，该指令设置哪些头被忽略
fastcgi_index	该指令设置追加到$fastcgi_script_name 的文件名，$fastcgi_script_name 结尾为反斜线

续表

FastCGI 指令	说明
fastcgi_intercept_errors	如果启用该指令，那么 Nginx 将会显示 error_page 指令配置的信息，而不是直接来自 FastCGI 服务器的响应
fastcgi_keep_conn	通过指示服务器不立即关闭连接以保持到 FastCGI 服务器的连接
fastcgi_max_temp_file_size	在响应不能装入内存缓冲的时候，该指令设置溢出文件的最大值。
fastcgi_next_upstream	该指令指示下一个 FastCGI 服务器被选中接受提供响应的条件。如果客户端已经被发送了某些信息，那么这种条件将不会被使用。可以使用以下参数来指定条件。 ◆ error：在与 FastCGI 服务器通信的过程中，该参数指定发生的错误。 ◆ timeout：在同 FastCGI 服务器通信过程中，该参数指定发生的超时。 ◆ invalid_header：该参数指定 FastCGI 服务器返回一个空的或无效的响应。 ◆ http_500：该参数指定 FastCGI 服务器返回的响应代码为 500。 ◆ http_503：该参数指定 FastCGI 服务器返回的响应代码为 503。 ◆ http_404：该参数指定 FastCGI 服务器返回的响应代码为 404。 ◆ off：在发生错误请求时，该参数禁止将请求传递给下一个服务器
fastcgi_no_cache	该指令指定一个或者多个字符串变量，当变量非空或非零，将指导 Nginx 不会将来自 FastCGI 服务器的响应保存到缓存中
fastcgi_param	该指令设置传递到 FastCGI 服务器的参数和它的值。在值为非空的时候，如果仅传送参数，那么 if_not_empty 应该设置额外的参数
fastcgi_pass	该指令指定FastCGI服务器如何传递请求，可以是address:port 组合的 TCP 套接字，也可以是 unix:path UNIX 域套接字
fastcgi_pass_header	该指令覆盖在 fastcgi_hide_header 中设置的禁用头，允许它们发送到客户端
fastcgi_read_timeout	该指令指定在连接关闭之前从 FastCGI 服务器两次成功读操作之间的时间长度
fastcgi_send_timeout	该指令指定在连接关闭之前从 FastCGI 服务器两次成功写操作之间的时间长度
fastcgi_split_path_info	该指令使用两个捕获变量定义正则表达式，第一个捕获变量的值是$fastcgi_script_name 变量的值，第二个捕获变量的值是 $fastcgi_path_info 变量的值，该指令只有依靠 PATH_INFO 的应用程序才是必须的
fastcgi_store	该指令启用将从 FastCGI 服务器获取来的响应作为文件存储在磁盘上。设置为 on，那么将会使用 alias 或者 root 指令的值作为存储文件的基础路径。指定一个字符串可以取而代之成为指示文件的存储位置的选择

续表

FastCGI 指令	说明
fastcgi_store_access	该指令为新创建的、存储在 fastcgi_store 中的文件设置访问权限
fastcgi_temp_file_write_size	该指令限制在同一时间数据缓存到一个临时文件的总数据量，因此 Nginx 在一个单独的请求上不会阻止太长
fastcgi_temp_path	该指令指定一个缓存临时文件的目录，作为从 FastCGI 服务器代理而来文件的缓存，可选多级目录深度

一个 Drupal 的配置示例

Drupal（http://drupal.org）是一个流行的开源内容管理平台，它有一个大的用户群，许多流行的网站都运行在 Drupal 上。由于使用了最常用的 PHP Web 框架，Drupal 也就典型地使用了 mod_php 模块运行在 Apache 服务器下。我们将探讨如何在 Nginx 下运行 Drupal。

对于 Nginx 的配置，可以从 https://github.com/perusio/drupal-with-nginx 找到，这是一个非常全面的 Drupal 配置指南。该指南比我们在这里能讲得更深入，但我们将在这里指出一些特征，并进行一些 Drupal 6 和 Drupal 7 之间差异的讲述。

```
## Defines the $no_slash_uri variable for drupal 6.
map $uri $no_slash_uri {

  ~^/(?<no_slash>.*)$ $no_slash;
}

server {

  server_name www.example.com;

  root /home/customer/html;
  index index.php;

  # keep alive to the FastCGI upstream (used in conjunction with
  # the "keepalive" directive in the upstream section)
  fastcgi_keep_conn on;

  # The 'default' location.
  location / {
    ## (Drupal 6) Use index.html whenever there's no index.php.
```

```
        location = / {
            error_page 404 =200 /index.html;
        }
        # Regular private file serving (i.e. handled by Drupal).
        location ^~ /system/files/ {

            include fastcgi_private_files.conf;

            fastcgi_pass 127.0.0.1:9000;
            # For not signaling a 404 in the error log whenever the
            # system/files directory is accessed add the line below.
            # Note that the 404 is the intended behavior.
            log_not_found off;

        }

    # Trying to access private files directly returns a 404.
    location ^~ /sites/default/files/private/ {
      internal;
    }

    ## (Drupal 6) If accessing an image generated by imagecache,
    ## serve it directly if available, if not relay the request to
      # Drupal
    ## to (re)generate the image.
    location ~* /imagecache/ {

      access_log off;

      expires 30d;

      try_files $uri /index.php?q=$no_slash_uri&$args;

    }

    # Drupal 7 image handling, i.e., imagecache in core
    location ~* /files/styles/ {

      access_log off;

      expires 30d;
```

```
  try_files $uri @drupal;

}
```

接下来 Advanced Aggregation 模块配置不同之处仅在于 location 路径的使用，CSS 的 Advanced Aggregation 模块配置 CSS 如下所示。

```
# Advanced Aggregation module CSS support.
location ^~ /sites/default/files/advagg_css/ {
  location ~*
    /sites/default/files/advagg_css/css_[[:alnum:]]+\.css$ {
```

下面是配置 JavaScript 代码。

```
# Advanced Aggregation module JS
location ^~ /sites/default/files/advagg_js/ {
  location ~*
    /sites/default/files/advagg_js/js_[[:alnum:]]+\.js$ {
```

两部分相同的行如下。

```
    access_log off;

    add_header Pragma '';

    add_header Cache-Control 'public, max-age=946080000';

    add_header Accept-Ranges '';

    # This is for Drupal 7
    try_files $uri @drupal;

    ## This is for Drupal 6 (use only one)
    try_files $uri /index.php?q=$no_slash_uri&$args;

  }

}

# All static files will be served directly.
location ~* ^.+\.(?:css|cur|js|jpe?g|gif|htc|ico|png|html|x
  ml)$ {

  access_log off;
```

```
    expires 30d;

    # Send everything all at once.
    tcp_nodelay off;

    # Set the OS file cache.
    open_file_cache max=3000 inactive=120s;
    open_file_cache_valid 45s;

    open_file_cache_min_uses 2;

    open_file_cache_errors off;

  }

  # PDFs and powerpoint files handling.
  location ~* ^.+\.(?:pdf|pptx?)$ {

    expires 30d;

    # Send everything all at once.
    tcp_nodelay off;

  }
```

使用 AIO 提供声音文件的例子，MP3 location 配置如下所示。

```
  # MP3 files are served using AIO where supported by the OS.
  location ^~ /sites/default/files/audio/mp3 {

    location ~* ^/sites/default/files/audio/mp3/.*\.mp3$ {
```

Ogg/Vorbis location 配置如下所示。

```
  # Ogg/Vorbis files are served using AIO where supported by the
    OS.
  location ^~ /sites/default/files/audio/ogg {

    location ~* ^/sites/default/files/audio/ogg/.*\.ogg$ {
```

它们都有以下共同行。

```
      directio 4k; # for XFS
```

```
    tcp_nopush off;
    aio on;
    output_buffers 1 2M;
  }

}
# Pseudo-streaming of FLV files
location ^~ /sites/default/files/video/flv {

  location ~* ^/sites/default/files/video/flv/.*\.flv$ {

    flv;

  }

}
```

两种伪流媒体部分也类似，H264 伪流媒体配置代码如下所示。

```
# Pseudo-streaming of H264 files.
location ^~ /sites/default/files/video/mp4 {

  location ~* ^/sites/default/files/video/mp4/.*\.(?:mp4|mov)$ {
```

AAC 伪流媒体配置代码如下所示。

```
# Pseudo-streaming of AAC files.
location ^~ /sites/default/files/video/m4a {

  location ~* ^/sites/default/files/video/m4a/.*\.m4a$ {
```

它们都有以下共同行。

```
    mp4;

    mp4_buffer_size 1M;

    mp4_max_buffer_size 5M;

  }

}

# Advanced Help module makes each module-provided
# README available.
```

```
location ^~ /help/ {

  location ~* ^/help/[^/]*/README\.txt$ {
    include fastcgi_private_files.conf;

    fastcgi_pass 127.0.0.1:9000;

  }
}

  # Replicate the Apache <FilesMatch> directive of Drupal
    # standard
  # .htaccess. Disable access to any code files. Return a 404 to
    # curtail
  # information disclosure. Also hide the text files.


  location ~* ^(?:.+\.(?:htaccess|make|txt|engine|inc|info|inst
    all|module|profile|po|sh|.*sql|test|theme|tpl(?:\.
      php)?|xtmpl)|code-style\.pl|/Entries.*|/Repository|/Root|/
        Tag|/Template)$ {

    return 404;

  }

  #First we try the URI and relay to the /index.php?q=$uri&$args
    if not found.
  try_files $uri @drupal;

  ## (Drupal 6) First we try the URI and relay to the /index.
    php?q=$no_slash_uri&$args if not found. (use only one)
  try_files $uri /index.php?q=$no_slash_uri&$args;

} # default location ends here

# Restrict access to the strictly necessary PHP files. Reducing
  the
# scope for exploits. Handling of PHP code and the Drupal event
  loop.
location @drupal {

  # Include the FastCGI config.
```

```
  include fastcgi_drupal.conf;

  fastcgi_pass 127.0.0.1:9000;

}

location @drupal-no-args {
    include fastcgi_private_files.conf;

    fastcgi_pass 127.0.0.1:9000;

}

## (Drupal 6)
## Restrict access to the strictly necessary PHP files. Reducing
  # the
## scope for exploits. Handling of PHP code and the Drupal event
  # loop.
## (use only one)

location = /index.php {

  # This is marked internal as a pro-active security practice.
  # No direct access to index.php is allowed; all accesses are
    # made
  # by Nginx from other locations or internal redirects.
  internal;

  fastcgi_pass 127.0.0.1:9000;

}
```

为了拒绝访问，下列 location 实例都会返回 404。

```
# Disallow access to .git directory: return 404 as not to disclose
# information.
location ^~ /.git { return 404; }
# Disallow access to patches directory.
location ^~ /patches { return 404; }
# Disallow access to drush backup directory.
location ^~ /backup { return 404; }
# Disable access logs for robots.txt.
location = /robots.txt {
```

```
  access_log off;

}

# RSS feed support.
location = /rss.xml {

  try_files $uri @drupal-no-args;
  ## (Drupal 6: use only one)
  try_files $uri /index.php?q=$uri;

}

# XML Sitemap support.
location = /sitemap.xml {
  try_files $uri @drupal-no-args;
  ## (Drupal 6: use only one)
  try_files $uri /index.php?q=$uri;
  }


  # Support for favicon. Return an 1x1 transparent GIF if it
    doesn't
  # exist.
  location = /favicon.ico {

    expires 30d;

    try_files /favicon.ico @empty;

  }

  # Return an in-memory 1x1 transparent GIF.
  location @empty {

    expires 30d;

    empty_gif;

  }

  # Any other attempt to access PHP files returns a 404.
```

```
    location ~* ^.+\.php$ {

      return 404;

    }

  } # server context ends here
```

为了简洁，上面提到 include 文件的内容就不在这里贴出来了，它们可以在本节一开始提到的 perusio 的 GitHub 仓库中找到。

6.9 将 Nginx 和 uWSGI 结合

Python 的 WSGI (Web Server Gateway Interface)是 PEP-3333 (http://www. python.org/dev/peps/pep-3333/）协议的一个接口规范实现。其目的是提供一个“Web 服务器和 Python Web 应用程序或者框架，促进 Web 应用程序到各种 Web 服务器的可移植性的标准接口”。由于 Python 社区团体的普及，一些其他语言的实现也遵守了 WSGI 规范。uWSGI 服务器，尽管不完全由 Python 编写，但它提供了一种符合本规范运行的应用程序的方式。用来与 uWSGI 服务器通信的本地协议称为 uWSGI 协议。

关于 uWSGI 服务器更详细的内容，包括安装说明，示例配置和其他语言的支持可以从 http://projects.unbit.it/uwsgi/和 https://github.com/unbit/uwsgi-docs 上面参考。

Nginx 的 uwsgi 模块与服务器会话可以使用前面章节中讨论的类似 fastcgi_*的指令配置。大多数指令与 FastCGI 同行的指令使用意义相同，最明显的区别是它们开始是 uwsgi_而不是 fastcgi_。然而也有一些例外，如 uwsgi_modifier1 和 uwsgi_modifier2，以及 uwsgi_string。

前两个指令分别用于设置 uwsgi 数据包头的第一个、第二个修饰符。uwsgi_string 能够使得 Nginx 向 uWSGI 传递任何字符，或者任何其他 uwsgi 服务器支持的 eval 修饰符。这些修饰符是特定的 uWSGI 协议，它们的有效值及其相关意义可以从 http://uwsgi-docs.readthedocs.org/en/latest/Protocol.html 页面获取。

一个 Django 的配置示例

Django（https://www.djangoproject.com/）是一个 Python Web 框架，开发者能够快速创建高性能的 Web 应用程序，它已成为一种流行的框架，许多不同种类的 Web 应用程序都使用该框架。

下面的配置是一个例子，它展示了 Nginx 如何连接到多个 Django 应用程序，Django 应用程序是使用 fastrouter 激活 emperor 模式下运行的 uWSGI 服务器。更多的有关运行 uWSGI 的信息，可以参考以下代码中嵌入在注解中的信息。

```
http {
  # spawn a uWSGI server to connect to
  # uwsgi --master --emperor /etc/djangoapps -fastrouter
    127.0.0.1:3017 --fastrouter-subscription-server 127.0.0.1:3032
  # see http://uwsgi-docs.readthedocs.org/en/latest/Emperor.html
  # and http://projects.unbit.it/uwsgi/wiki/Example
  upstream emperor {
    server 127.0.0.1:3017;
  }

  server {
    # the document root is set with a variable so that multiple
      # sites
    # may be served - note that all static application files are
    # expected to be found under a subdirectory "static" and all
      # user

    # uploaded files under a subdirectory "media"
    # see https://docs.djangoproject.com/en/dev/howto/static-
      files/
    root /home/www/sites/$host;

    location / {
      # CSS files are found under the "styles" subdirectory
      location ~* ^.+\.$ {
        root /home/www/sites/$host/static/styles;
        expires 30d;
      }
      # any paths not found under the document root get passed
        # to
      # the Django running under uWSGI
      try_files $uri @django;
    }

    location @django {
      # $document_root needs to point to the application code
      root /home/www/apps/$host;
```

```
      # the uwsgi_params file from the nginx distribution
      include uwsgi_params;
      # referencing the upstream we defined earlier, a uWSGI
        # server
      # running in Emperor mode with FastRouter
      uwsgi_param UWSGI_FASTROUTER_KEY $host;
      uwsgi_pass emperor;
    }

    # the robots.txt file is found under the "static" subdirectory
    # an exact match speeds up the processing

    location = /robots.txt {
      root /home/www/sites/$host/static;
      access_log off;
    }

    # again an exact match
    location = /favicon.ico {
      error_page 404 = @empty;
      root /home/www/sites/$host/static;
      access_log off;
      expires 30d;
    }
    # generates the empty image referenced above
    location @empty {
      empty_gif;
    }

    # if anyone tries to access a '.py' file directly,
    # return a File Not Found code
    location ~* ^.+\.py$ {
      return 404;
    }
  }
}
```

该代码将会激活多个站点动态托管，而不用改变 Nginx 的配置。

6.10 小结

在这一章中，我们探索出了一些通过 HTTP 服务提供文件的指令。不仅 http 模块提供了这个功能，而且也有一些辅助模块对 Nginx 的正常运行起着至关重要的作用。这些辅助模块默认情况下均被启用。结合这些不同的模块指令，我们能够建立一个满足我们需要的配置。我们还探讨了 Nginx 如何基于请求的 URI 查找文件。我们研究了不同的指令控制 HTTP 服务器与客户端如何进行交互，以及如何使用 error_page 指令为我们提供一些帮助。基于带宽使用、请求率、连接数的访问限制都是可能的。

我们也看到如何能限制基于 IP 地址或者身份验证的访问。我们探讨了如何使用 Nginx 的日志功能捕捉到我们正好想要的信息。伪流媒体的研究也是重点。Nginx 为我们提供了一些变量，我们可以用它们构造配置文件。我们还探讨了使用 fastcgi 模块连接到 PHP-FPM 应用以及 uwsgi 模块与 uWSGI 服务器进行通信的可能性。在本章讨论了由指令组合的示例配置文件，在其他章节也有讨论。

在下面的章节中，我们将介绍一些模块，它们将帮助你作为一名开发者将你的应用集成到 Nginx 中。

第 7 章 Nginx 的开发

纵观全书，到目前为止，我们已经看到如何为多种不同环境配置 Nginx。我们还没有做的是，看一下能够为应用程序开发人员提供的配置。有些方法能够使得 Nginx 直接集成到应用程序。下面的部分我们来探讨这些可能性。

- 集成缓存。
- 动态修改内容。
- 使用服务器端包含 SSI（Server Side Include）。
- Nginx 中的决策。
- 创建安全链接。
- 生成图像。
- 跟踪网站访问者。
- 防止意外代码执行。

7.1 集成缓存

在提供静态内容方面，Nginx 是一流的服务器。它的设计目标是，只使用最少的系统资源来支持 100000 多个并发访问。将一个动态 Web 程序集成到这样一个良好架构的服务器中，这可能意味着会对 Nginx 服务器的性能造成影响。我们不能支持尽可能多的并发连接，但是这并不意味着我们不能给我们的用户一个时髦的网络体验。

缓存在第 5 章中介绍过。在这一部分中，我们将深入地研究 Nginx 的缓存机制，将其整合到 Web 应用程序中。你的 Web 应用程序可能已经缓存到一定的程度，可能已经在你数据库中预提供了一个页面，使这一个“昂贵”的操作不会在每一个访问中都执行。或者更好一点的是，你的应用程序可提前将页面写入文件系统中，以便它们能够达到只是简单地类似于 Nginx 提供静态文件一样的性能。无论你的应用程序的缓存机制已经有或者没有，Nginx 都提供了一种方法，将它集成到服务器中。

7.1.1 应用程序没有缓存

当你的应用程序确实没有缓存可言时，Nginx 仍然可以帮助用户加快响应时间。 代理和 fastcgi 模块能够使用缓存功能，为此你只需在 Nginx 的配置文件中添加 `proxy_cache_*` 或者 `fastcgi_cache_*` 指令就可以了。`proxy_cache_*` 指令在第 5 章中有描述，`fastcgi_cache_*` 指令在第 6 章中有描述。

在这里，我们将介绍如何扩展你的应用程序，以指导 Nginx 如何缓存单个页面，这可以通过发送给 Nginx 的头来实现，你可以使用标准的 Expires 和 Cache-Control 头，或者指定 X-Accel-Expires 头，Nginx 仅为缓存解释而不传递给客户端。这个头允许应用程序控制 Nginx 缓存文件时间的长度。对于通常生存时间较长的对象来说，这样很容易使它们过期。

假设你有一个新的应用程序，加载页面时遭受着缓慢的延时，导致这种情况可能有多种原因，但是经过分析，你确定从存储在数据库中的内容到每个网页都要实时渲染生成。当一个用户访问站点时，在一个完整呈现页面投递到用户之前，这将导致新的数据库连接被打开、多个 SQL 查询生成以及页面被解析出来。由于在后台系统的应用程序中有多个连接，这种架构不能利用一种更合理的渲染策略轻易地重组。

由于存在这些限制，你可以决定使用以下缓存策略。

- 首页缓存 1 分钟，因为它所包含的链接文章及文件列表经常被更新。
- 每篇文章都将被缓存 1 天，因为一旦写完它们将不会改变，但是我们又不希望缓存被填满，因此需要移除一些旧的缓存内容以便满足空间的需要。
- 尽可能快地缓存所有图像，因为图像还存储在数据库中，从磁盘检索图像文件是一个比较“昂贵”的操作。

我们将为 Nginx 添加以下配置来支持这些策略。

```
http {

  # here we configure two separate shared memory zones for the keys/metadata
  # and filesystem paths for the cached objects themselves proxy_cache_path
```

```
    /var/spool/nginx/articleskeys_zone=ARTICLES:16m levels=1:2 inactive=1d;

  proxy_cache_path /var/spool/nginx/images keys_zone=IMAGES:128m
    levels=1:2 inactive=30d;

  # but both paths still lie on the same filesystem as proxy_temp_ path
  proxy_temp_path /var/spool/nginx;

  server {

    location / {

      # this is where the list of articles is found
      proxy_cache_valid 1m;

    }

    location /articles {

      # each article has a URI beginning with "/articles"
      proxy_cache_valid 1d;

    }

    location /img {

      # every image is referenced with a URI under "/img"
      proxy_cache_valid 10y;

    }

  }
}
```

这是按照我们的需要设置的，对于没有设置缓存支持的遗留应用程序，我们已经启用了缓存。

7.1.2　使用数据库缓存

如果你的应用程序当前在数据库中缓存了预呈送的页面，那么不需要花费更多额外的努力就能够将这些页面放在 memcached 实例中。Nginx 能够直接从 memcached 缓存中回复请求，其逻辑如图 7-1 所示。

接口很简单，使得它尽可能灵活。Nginx 在存储中查找一个 key，如果找到，那么将会把该值返回给客户端。构造一个合适的 key 来配置任务，我们将在下面讨论。在哪个 key 下存储的值设计在 Nginx 范围之外，这个工作是属于应用程序的。

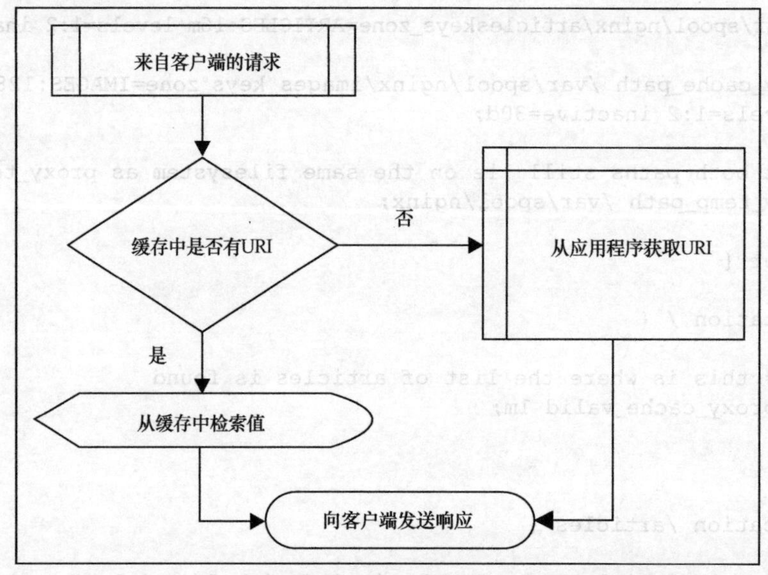

图 7-1　缓存示意图

确定使用 key 是一件非常简单的事情，对于没有特别要求的资源，最好的 key 是使用 URI 自身，对$memcached_key 变量就是这样设置的。

```
location / {

  set $memcached_key $uri;

  memcached_pass 127.0.0.1:11211;
}
```

如果你的应用程序读取请求参数来构造页面，那么$memcached_key 变量还应该包括如下这些参数。

```
location / {

  set $memcached_key "$uri?$args";

  memcached_pass 127.0.0.1:11211;

}
```

如果请求的 key 当前不存在，那么 Nginx 将需要一种方法从应用程序请求该页面，希望该应用程序将 key/value 对写入 memcached，以便下次请求能够直接从内存调用。如果请求的 key 没有在 memcached 中找到，那么 Nginx 将会报告一个“Not Found”错误。因此，最好的方法是传递请求至应用程序使用 error_page 指令来实现，并且由一个 location 指令来处理请求。我们也应该包括“Bad Gateway”和“Gateway Timeout”

错误代码，以防 memcached 不响应 key 的查找。

```
server {
  location / {
    set $memcached_key "$uri?$args";
    memcached_pass 127.0.0.1:11211;
    error_page 404 502 504 = @app;
  }
  location @app {
    proxy_pass http://127.0.0.1:8080;
  }
}
```

记住在 error_page 指令的参数后使用等号（=），Nginx 将使用最后一个参数来替换返回代码，这样就会使得我们能够在返回错误代码的情况下又成为了一次正常的响应。

下面的表 7-1 描述了 memcached 模块可用的指令，该模块默认被编译到 Nginx 的二进制文件中。

表 7-1 memcached 模块指令

memcached 模块指令	说明
memcached_buffer_size	该指令用于设置来自 memcached 响应的缓存大小。该响应被同步发送给客户端
memcached_connect_timeout	在向 memcached 服务器产生一个请求后，该指令指定 Nginx 将会等待接受该请求的最长时间
memcached_next_upstream	该指令设定在什么条件下将请求传递给下一个 memcached 服务器，可以指定下面一个或者多个参数。 ◆ error：该参数表明在同 memcached 服务器通信的过程中发生错误。 ◆ timeout：该参数表明在同 memcached 服务器通信的过程中发生超时。 ◆ invalid_response：该参数表明 memcached 服务器返回了空的或者其他无效的响应。 ◆ not_found：该参数表明在此 memcached 实例上没有找到响应的 key。 ◆ off：该参数禁止将请求传递到下一个 memcached 服务器

续表

memcached 模块指令	说明
memcached_pass	该指令指定 memcached 服务器的名字或者 IP 地址和端口号，也可能是在 upstream 中声明的一个服务器组
memcached_read_timeout	该指令用于指定一个时间长度，该时间长度是在一个连接关闭之前从 memcached 服务器两次成功读操作的时间
memcached_send_timeout	该指令用于指定一个时间长度，该时间长度是在一个连接关闭之前从 memcached 服务器两次成功写操作的时间

7.1.3　使用文件系统做缓存

假设你的应用程序以文件形式写了预呈现的页面，你知道每一个文件应该多久有效。你可以在任何代理和客户端之间配置 Nginx 投递指示每一个文件的某些头以及缓存文件多久。在这种方式下，你为你的用户启用了本地缓存，而没有改变一行代码。

你可以通过设置 Expires 和 Cache-Control 头来实现，这些都是标准的 HTTP 头。客户端和 HTTP 代理了解这些头。不需要改变你的应用程序，如表 7-2 所示，你只需要在 Nginx 的配置文件中相应的 location 中设置这些头就可以了。Nginx 提供 expires 和 add_header 指令使得设置起来比较方便。

表 7-2　头修改指令

头修改指令	说明
add_header	在 HTTP 响应代码 200、204、206、301、302、303、304 或者 307 的响应头中，该指令添加字段
expires	该指令添加或者修改 Expires 和 Cache-Control 头。该参数可以是一个可选的 modified 参数，跟随一个时间，或者是 epoch、max、off 其中之一。如果单独设置了 time，Expires 头将会设置为当前的时间加上 time 指定的时间数值参数。Cache-Control 头将被设置为 max-age=t，这里的 t 是指定的一个时间参数，单位为秒。如果 modified 参数设置为一个靠前的时间，那么 Expires 头被设置为文件的修改时间加上 time 参数指定的时间。如果 time 参数包含一个@，那么指定的时间将被解释为一天的时间，例如，@12h 是中午 12 点。epoch 参数确切的日期和时间被定义为 Thu, 01 Jan 1970 00:00:01 GMT。max 参数设置 Expires 为 Thu, 31 Dec 2037 23:55:55 GMT，Cache-Control 为 10 年。任何时间负值都将会把 Cache-Control 设置为 no-cache

知道你的应用程序生成的是什么文件，你就可以适当地设置这些头文件。让我们来看一个示例应用程序，其中的主页面被缓存 5 分钟，所有的 JavaScript 和 CSS 文件缓存 24 小时，每个 HTML 页面缓存 3 天，而每个图像要尽可能的时间长。

```
server {

  root /home/www;

  location / {
    # match the index.html page explicitly so the *.html below
    # won't match the main page
    location = /index.html {

      expires 5m;

    }

    # match any file ending in .js or .css (Javascript or CSS files)
    location ~* /.*\.(js|css)$ {

      expires 24h;
    }

    # match any page ending in .html
    location ~* /.*\.html$ {

      expires 3d;

    }

  }

  # all of our images are under a separate location (/img)
  location /img {

    expires max;

  }

}
```

看到了这个配置如何设置头，我们可以在浏览器中看一下每一个 location 是什么样的。每一个现代的浏览器都有内置的或者是可用的插件来查看请求头和响应头。下面的截图是使用 Chrome 在这些 location 中显示响应头的结果。

- 主页：在该页面（index.html）中，Expires 头设置的时间比 Date 头晚 5 分钟。Cache-Control 头的 max-age 参数设置为 300 秒。

```
▼Response Headers    view parsed
  HTTP/1.1 200 OK
  Server: nginx/1.2.2
  Date: Sat, 15 Dec 2012 19:01:33 GMT
  Content-Type: text/html
  Content-Length: 170
  Last-Modified: Sat, 15 Dec 2012 18:31:41 GMT
  Connection: keep-alive
  Expires: Sat, 15 Dec 2012 19:06:33 GMT
  Cache-Control: max-age=300
  Accept-Ranges: bytes
```

◆ CSS 文件：Expires 头设置的时间比 Date 头晚 24 小时。Cache-Control 头的 max-age 参数为 86400 秒。

```
▼Response Headers    view parsed
  HTTP/1.1 200 OK
  Server: nginx/1.2.2
  Date: Sat, 15 Dec 2012 19:07:43 GMT
  Content-Type: text/plain
  Content-Length: 69
  Last-Modified: Sat, 15 Dec 2012 18:31:33 GMT
  Connection: keep-alive
  Expires: Sun, 16 Dec 2012 19:07:43 GMT
  Cache-Control: max-age=86400
  Accept-Ranges: bytes
```

◆ HTML 文件：Expires 头设置的时间比 Date 头晚 3 天。Cache-Control 头的 max-age 参数设置为 259200 秒。

```
▼Response Headers    view parsed
  HTTP/1.1 200 OK
  Server: nginx/1.2.2
  Date: Sat, 15 Dec 2012 19:10:16 GMT
  Content-Type: text/html
  Content-Length: 170
  Last-Modified: Sat, 15 Dec 2012 18:39:12 GMT
  Connection: keep-alive
  Expires: Tue, 18 Dec 2012 19:10:16 GMT
  Cache-Control: max-age=259200
  Accept-Ranges: bytes
```

◆ 图像文件：Expires 头设置为 Thu，31 Dec 2037 23:55:55 GMT。Cache-Control 头的 max-age 参数设置为 315360000 秒。

```
▼Response Headers    view parsed
  HTTP/1.1 200 OK
  Server: nginx/1.2.2
  Date: Sat, 15 Dec 2012 19:07:43 GMT
  Content-Type: image/jpeg
  Content-Length: 26246
  Last-Modified: Sat, 15 Dec 2012 18:28:41 GMT
  Connection: keep-alive
  Expires: Thu, 31 Dec 2037 23:55:55 GMT
  Cache-Control: max-age=315360000
  Accept-Ranges: bytes
```

只需在适当的位置设置一个指令 expires，我们便可以确保我们的预呈现的文件按照设置的生存期在本地缓存。

7.2　动态修改内容

有时候，可能需要对来自于应用程序的内容做后期处理，也许你可能想在前端服务器页面上的某一位置上添加一个字符串，然后再投递到客户端，或者想在呈现的 HTML 页面上执行一个转换。Nginx 提供了 3 个可用的模块：addition 模块、sub 模块和 xslt 模块。

7.2.1　使用 addition 模块

模块 addition 作为一个过滤器能够在响应的前面或者后面添加文本。默认编译的 Nginx 中没有包含该模块，因此如果想使用该功能，你必须在编译 Nginx 时添加`--with-http_addition_module`参数。

该过滤器的原理是引用一个子请求，由该子请求附加一个请求或者是在开始放置一个请求。

```
server {
  root /home/www;
  location / {
    add_before_body /header;
    add_after_body /footer;
  }
  location /header {
    proxy_pass http://127.0.0.1:8080/header;
  }
  location /footer {
    proxy_pass http://127.0.0.1:8080/footer;
  }
}
```

表 7-3 总结了 addition 模块的指令列表。

表 7-3　　HTTP addition 模块指令

HTTP addition 模块指令	说明
add_before_body	该指令在响应体之前添加了子请求处理结果
add_after_body	该指令在响应体之后添加了子请求处理结果
addition_types	该指令列出除了 text/html 之外其他的 MIME 类型，如果设置为*号，那么将会启用所有的 MIME 类型

7.2.2　sub 模块

sub 模块可以作为一个过滤器来替换一个文本为另一个文本。默认编译的 Nginx 中没有包含该模块，因此如果想使用该功能，你必须在编译 Nginx 时添加--with-http_sub_module 参数。

这是相当容易的工作，你可以使用 sub_filter 指令指定一个字符串和一个被替代的字符串，过滤器在匹配时大小写不敏感。

```
location / {

    sub_filter </head> '<meta name="frontend"
      content="web3"></head>';

}
```

在前面的例子中，我们在页面的头中添加了一个新的 meta 标签，该标签通过 Nginx 来添加。

也可能会有匹配一次以上的情况，要实现这种情况，就需要设置 sub_filter_once 指令为 off。这样对于在页面中使用绝对链接替代相对链接很有用。例如：

```
location / {

  sub_filter_once off;

  sub_filter '<img src="img/' '<img src="/img/';

}
```

如果在匹配的字符串中有任何空格或者是嵌入的引号，那么必须将它们放置在引号内，以便 Nginx 能够作为第一个参数认出它们。

Nginx 将会在任何 HTML 文件中自动使用 sub_filter 指令。如果你想替代其他类型的文件，例如，JavaScript 或者 CSS，那么只需要通过 sub_filter_types 指令添加相应的 MIME 类型就可以了。

```
location / {

  sub_filter_types text/css;

  sub_filter url(img/ 'url(/img/';

}
```

最佳方法：

text/html 是默认值，因此这个类型就不需要再添加了，添加额外的被转换的 MIME 类型是不会覆盖它的。在 Nginx 中，这一原则适用于所有的 MIME 类型规范指令。

如表 7-4 所示总结了这些指令。

表 7-4　　HTTP sub 模块指令

HTTP sub 模块指令	说明
sub_filter	该指令设置被匹配的字符串，在没有提醒的情况下替换成匹配的字符串。替换字符串可以包含变量
sub_filter_once	该指令设置为 off 之后，这将会导致 sub_filter 方式的匹配，找到多少次就替换多少次
sub_filter_types	该指令列出响应除了 text/html 之外其他的 MIME 类型，如果设置为*号，那么将会启用所有的 MIME 类型

7.2.3　xslt 模块

xslt 模块作为一个过滤器，用于使用 XSLT 样式表转换 XML。在默认情况下，该模块没有被编译。所以，如果我们想使用这个模块，你需要安装 ibxml2 和 libxslt 库，并且在编译安装 Nginx 时使用--with-http_xslt_module 选项。

要使用 xslt 模块，你需要在声明的字符实体中定义 DTD，然后指定一个或者多个 XSLT 样式表及其相应的处理 XML 格式文件的参数。

```
location / {

  xml_entities /usr/local/share/dtd/entities.dtd;
```

```
    xsl_stylesheet /usr/local/share/xslt/style1.xslt;

    xsl_stylesheet /usr/local/share/xslt/style2.xslt theme=blue;

}
```

如表 7-5 所示总结了包括在 xslt 模块中的指令。

表 7-5　HTTP xslt 模块指令

HTTP xslt 模块指令	说明
xml_entities	该指令设置 DTD 的路径，声明了在 XML 中被处理的字符实体
xslt_param	该指令指定传递到样式表的参数，它的值是 XPath 表达式
xslt_string_param	该指令指定传递到样式表的参数，它的值是字符串
xslt_stylesheet	该指令指定 XSLT 样式表的路径，用于转换 XML 响应，参数的传递可能被作为一系列的 key/value 传递
xslt_types	该指令列出响应除了 text/html 之外其他的 MIME 类型，如果设置为*号，那么将会启用所有的 MIME 类型。如果转换结果在一个 HTML 响应中，那么 MIME 类型将更改为 text/ HTML

7.3 使用服务器端包含 SSI（Server Side Include）

ssi 模块还是一个过滤器，它是 Nginx 最灵活的模块之一，使用 SSI 能够在网页中嵌入处理逻辑。如表 7-6 所示，该模块能够支持以下一系列指令。

表 7-6　SSI 指令

SSI 指令	说明
ssi	该指令启用 SSI 处理文件
ssi_sfilent_errors	如果在 SSI 处理的过程中出现错误，那么启用该指令则会禁止显示错误消息
ssi_types	除了 text/html 类型外，该指令列出 SSI 命令响应的其他类型，如果指定了*号，那么表示对所有 MIME 类型处理

Nginx 支持的 SSI 包含命令与参数如表 7-7 所示。

表 7-7　SSI 命令

SSI 命令	参数	参数说明
block		该命令定义一个小节，该小节可以被 include 命令应用，结尾是<!--#endblock-->
	name	该参数定义小节的名称

续表

SSI 命令	参数	参数说明
config		设置全局参数，在整个 SSI 处理中都会被使用
	errmsg	该参数配置字符串在 SSI 处理出错的时候将会抛出。默认值是[an error occurred while processing the directive]
	timefmt	该参数指定一个字符串将其传递给 strftime()，用于格式化时间戳在其他命令中使用。默认格式为%A，%d-%b-%Y %H:%M:%S %Z
echo		输出一个变量的值
	var	该参数指定一个变量名称，它的值将会被输出
	encoding	该参数指定变量使用的编码方法。它的值是 none、url 和 entity 的三者之一。默认值为 entity
	default	如果变量没有定义，那么这个值将会输出。如果没有设置，none 为默认值
if		该命令评估一个条件。如果条件为 true，小节将会被封闭。支持的次序 if、elsif、else 和 endif
	expr	该参数指定一个表达式，用于评估真实性。 ◆　变量存在性 (expr="$var") ◆　文本比较 (expr="$var = text" 或者 expr="$var != text") ◆　正则表达式匹配 (expr="$var = /regexp/" 或者 expr="$var != / regexp/")
include		该命令输出子请求的结果
	file	该参数指定 include 包括的文件名称
	virtual	该参数指定包括子请求的 URI
	stub	该参数指定被包含的区段，而不是一个空的内容，或者在处理中有错误
	wait	如果在同一个页面上有多个 include 命令，且设置了这个参数，那么它们将会被按照顺序处理
	set	如果在 virtual 中产生到 proxy_pass 或者 memcached_pass location 的子请求，那么结果可以被存储在该参数设置的变量中
set		该参数创建一个变量并且为变量设置值
	var	该参数设置变量的名字
	value	该参数设置变量的值

它们使用的格式如下。

```
<!--# command parameter1=value1 parameter2=value2 … -->
```

一个 SSI 文件无非是用这些嵌入了注释的命令组成的 HTML 文件。这样一来，如果 ssi

在某一位置不能够包含一个文件时，那么 HTML 部分仍将会呈现，尽管有些不完整。

下面 SSI 是调用一个子请求来呈现页眉、页脚和页面中的菜单的一个示例。

```
<html>
  <head>
    <title>*** SSI test page ***</title>
    <link rel="stylesheet" href="/css/layout.css"
      type="text/css"/>
    <!--# block name="boilerplate" -->
    <p>...</p>
    <!--# endblock -->
  </head>
  <body>
    <div id="header">
      <!--# include virtual="/render/header?page=$uri"
        stub="boilerplate" -->
    </div>
    <div id="menu">
      <!--# include virtual="/render/menu?page=$uri"
        stub="boilerplate" -->
    </div>
    <div id="content">
      <p>This is the content of the page.</p>
    </div>
    <div id="footer">
      <!--# include virtual="/render/footer?page=$uri"
        stub="boilerplate" -->
    </div>
  </body>
</html>
```

这段代码用于提供一些默认的内容，在这种情况下，错误将会在子请求中处理。

在处理逻辑上如果这些原语不能提供足够的灵活性，那么你可以使用嵌入式 perl 模块来解决任何其他处理或者你可能需要的配置。

7.4 Nginx 中的决策

你可能发现自己尝试以某种并不能够使用的方式扭曲 Nginx 的配置指令。在使用许多 if 检查模仿某种逻辑链的情形中，这种情况经常在配置中看到。一个好的选择是使用 Nginx 的嵌入式 perl 模块，使用这个模块，你将能够使用 Perl 的灵活性实现你的配置目标。

在默认情况下安装 Nginx 时，perl 模块是没有被安装在 Nginx 的运行二进制文件中的，因此如果要使用该模块，那么需要在 configure 时指定--with-http_perl_module 选项。这至少需要 Perl 5.6.1，也要确保 Perl 在构建时使用了-Dusemultiplicity=yes（或-Dusethreads=yes）以及-Dusemymalloc=no 参数。Nginx 重载配置文件随着时间的推移将会导致 perl 模块内存泄漏，所以最后一个参数用来帮助减轻这一问题。

在 Nginx 中使用了内置的 Perl 模块之后，那么就可以使用表 7-8 中的指令了。

表 7-8 perl 模块指令

perl 模块指令	说明
perl	在一个 location 中激活 perl 指令。它的参数是一个处理器的名字或者一个描述子程序的字符串
perl_modules	该指令为 Perl 模块指定一个额外的搜索路径
perl_require	该指令指明一个 Perl 模块，每次在 Nginx 重新配置后将会重新载入。对于单独的模块可能需要指定多次
perl_set	该指令安装一个 Perl 处理程序，用于设置一个变量。这个参数是处理程序的名字或者一个描述子程序的字符串

在 Nginx 配置文件中编写 Perl 脚本时，你会使用$r 对象代表当前的请求。这个对象的方法如下。

- $r->args：该方法指定请求参数。
- $r->filename：该方法指定被 URI 应用的文件名。
- $r->has_request_body(handler)：如果有请求体，处理程序将被调用。
- $r->allow_ranges：该方法在响应中启用字节范围。
- $r->discard_request_body：该方法丢弃请求体。
- $r->header_in(header)：该方法具体说明指定的请求头值。
- $r->header_only：该方法表明 Nginx 只向客户端返回响应头。
- $r->header_out(header, value)：该方法设置指定的响应头。
- $r->internal_redirect(uri)：在 Perl 处理程序执行完成之后，该方法将会对指定的 URI 生成重定向。
- $r->print(text)：该方法将指定的文本发送给客户端。
- $r->request_body：该方法指定在内存中的请求体。

- `$r->request_body_file`：如果被写入到一个临时文件，那么该方法会返回请求体的内容。
- `$r->request_method`：该方法指定请求的 HTTP 方法。
- `$r->remote_addr`：该方法指定客户端的 IP 地址。
- `$r->flush`：该方法立即向客户端发送数据。
- `$r->sendfile(name[, offset[, length]])`：该方法发送指定的文件到客户端，可选参数有 offset 和 length，在 Perl 处理程序执行完成之后发送。
- `$r->send_http_header([type])`：该方法向客户端发送响应头，还可以指定可选的内容类型。
- `$r->status(code)`：该方法设置 HTTP 响应的状态代码。
- `$r->sleep(milliseconds, handler)`：该方法设置处理程序执行的定时器，在这个设定的时间完成之后，Nginx 将会继续处理其他的请求，而定时器仍在运行。
- `$r->unescape(text)`：该方法解码 URI 编码文本。
- `$r->uri`：该方法指定请求中的 URI。
- `$r->variable(name[, value])`：该方法返回一个命名的本地请求变量或者是设置一个指定的值。

perl 模块也可以用在 SSI 中，使用 Perl 的 SSI 命令格式如下。

```
<!--# perl sub="module::function" arg="parameter1"
  arg="parameter2" ... -->
```

我们来看一下使用 perl 模块的例子，我们的目标是传递请求到不同的上游服务器（upstream server），由请求的 URI 第一个字母决定传递到哪个服务器。在 Nginx 中，我们可以实现这一系列的 location，但它会更简洁地表示为一个 Perl 处理程序。

第一步是在 Perl 处理器中定义一个 Action。

```
# upstreammapper.pm

# name our package
package upstreammapper;

# include the nginx request methods and return code definitions
use nginx;
```

```
# this subroutine will be called from nginx
sub handler {

  my $r = shift;

  my @alpha = ("a".."z");

  my %upstreams = ();

  # simplistically create a mapping between letter and
  # an IP which is between 10 and 35 of that network
  foreach my $idx (0..$#alpha) {

    $upstreams{ $alpha[$idx] } = $idx + 10;

  }

  # get the URI into an array
  my @uri = split(//,$r->uri);

  # so that we can use the first letter as a key
  my $ip = "10.100.0." . $upstreams{ $uri[1] };

  return $ip;

}

1;
__END__
```

然后再设置 Nginx 使用这个模块做映射。

```
http {

  # this path is relative to the main configuration file
  perl_modules perl/lib;

  perl_require upstreammapper.pm;

  # we'll store the result of the handler in the $upstream
    variable
  perl_set $upstream upstreammapper::handler;
```

然后我们将请求传递到正确的上游服务器。

```
    location / {

        include proxy.conf;

        proxy_pass http://$upstream;

    }

}
```

我们已经看到了在 Perl 处理程序中实施一些简单的配置逻辑，几乎任何类型的特殊要求都可以用类似的方式来完成。

> **最佳方法：**
> 在 Perl 处理程序中，请求处理尽可能地明确，当 Nginx 必须等待一个 Perl 处理程序完成时，负责处理该请求的整个 worker 将会被阻塞。因此，任何 I/O 或者与 DNS 相关的任务应该在 Perl 处理程序之外进行。

7.5 创建安全链接

可能由于某种原因，你需要对网站的某些内容进行保护，但是对于这些内容你又不想集成完整的用户认证系统。在这种情况下，可以启用 Nginx 的 `secure_link` 模块，在编译安装 Nginx 时添加 `--with-http_secure_link` 就可以了，再通过使用 `secure_link_secret` 指令以及其相应的变量 `$secure_link` 来实现。

模块 `secure_link` 通过计算 `secure_link_secret` 指令之后提供的安全字的 MD5 哈希值工作。如果这个哈希值与 URI 中找到的哈希值匹配，那么 `$secure_link` 变量将会被设置为哈希值且为 URI 的一部分；如果没有匹配，那么 `$secure_link` 变量的值将会被设置为空字符串。

一种可能使用的情形是，使用密码生成的 MD5 哈希值作为下载页面的一个链接，然后将密码配置在 Nginx 的配置文件中，以便能够使得用户访问这些链接。这个词和页面要定期更换，以防止以后再次调用被保存的链接，下面的例子说明了这种情况。

首先，我们设定一个安全字 supersecret，然后再生成它的 MD5 哈希值，将其作为想要使用的哈希值。

```
$ echo -n "alphabet_soup.pdfsupersecret" |md5sum
```

```
8082202b04066a49a1ae8da9ec4feba1 -

$ echo -n "time_again.pdfsupersecret" |md5sum
5b77faadb4f5886c2ffb81900a6b3a43 -
```

接下来，我们创建链接的 HTML 代码。

```
<a
  href="/downloads/8082202b04066a49a1ae8da9ec4feba1/
    alphabet_soup.pdf">alphabet soup</a>
<a
  href="/downloads/5b77faadb4f5886c2ffb81900a6b3a43/
    time_again.pdf">time again</a>
```

如果在 Nginx 的配置文件中添加 secure_link_secret 指令，并且是使用同样的密码，那么这些链接是有效的。

```
# any access to URIs beginning with /downloads/ will be protected
location /downloads/ {

  # this is the string we used to generate the hashes above secure_link_secret
  supersecret;

  # deny access with a Forbidden if the hash doesn't match
  if ($secure_link = "") {

    return 403;

  }

  try_files /downloads/$secure_link =404;

}
```

要确保链接没有哈希值将不会工作，我们可以在 HTML 代码中添加一个额外的链接。

```
<a href="/downloads/bare_link.pdf">bare link</a>
```

调用这个链接时会报告是“403 Forbidden”错误。

最佳方法：
对于解决前面描述的 secure_link 模块这类技术问题，Nginx 自身就提供了一个可选的方法，参见 http://wiki.nginx.org/HttpSecureLinkModule。

7.6 生成图像

你可以配置 Nginx 处理一些简单的图像转换，而不是编写一个图像处理模块。如果你的图像处理需求就像旋转图像、调整其大小或裁剪它一样简单，那么 Nginx 完全可以胜任。

要使用这个功能，你需要安装 libgd 库，并且要在编译 Nginx 时加入 image_filter 模块（--with-http_image_filter_ module），如果这样做了，那么你就可以使用表 7-9 中的指令了。

表 7-9 图像过滤指令

图像过滤指令	说明
empty_gif	使用该指令会在相应的 location 中生成 1x1 的透明 GIF 文件
image_filter	该指令根据以下参数变换图像。 ◆ off：该参数关闭图像变换。 ◆ test：该参数确保响应是 GIF、JPEG 或 PNG 图像。如果不是，返回错误 415（不支持的媒体类型）。 ◆ size：该参数发送关于 JSON 格式的图像信息。 ◆ rotate：该参数逆时针旋转图像，90 度、180 度或 270 度。 ◆ resize：该参数在给定的宽度和高度下成比例的缩小。为了只减小一个方面的尺寸，可以将另一个方面指定为“-”。如果通过 rotate 组合，那么在缩小之前会旋转。发生错误返回 415 代码（不支持的媒体类型）。 ◆ crop：该参数按照给定的最大边长减小图像，长宽是给定的，任何多余的部分沿其他边缘被削减。为了减少一个维度的大小，可以将另一个维度的大小设置为“-”。如果通过 rotate 组合，那么在缩小之前会旋转。发生错误返回 415 代码（不支持的媒体类型）
image_filter_ buffer	该指令指定处理图像所使用的缓冲大小。如果需要更多的内存，那么服务器将会返回 415 错误（不支持的媒体类型）
image_filter_jpeg_ quality	该指令指定处理结果是 JPEG 图像的质量品质。不推荐超过 95
image_filter_ sharpen	该指令通过这个百分比增加了处理后图像的清晰度
image_filter_ transparency	该指令禁用 GIF 和 PNG 图像保持透明度变换。默认值为 on，保留透明度

注意，empty_gif 指令不是 image_filter 模块的一部分，但是它包含在默认安装的 Nginx 中。

GD 库（libgd）是一个用 C 语言编写的图像生成库。它经常被编成语言组合使用为站点生成图像，例如，PHP 或者 Perl。Nginx 的 `image_filter` 模块使用 libgd 提供创建一个简单的图像调整大小代理的能力，我们会在下面的例子中讨论。

使用这些指令，我们能够构造一个如下所示的缩放图像的模块。

```
location /img {

  try_files $uri /resize/$uri;

}

location ~*
  /resize/(?.<name>.*)_(?<width>[[:digit:]]*)x
    (?<height>[[:digit:]]*)\.(?<extension>gif|jpe?g|png)$ {

  error_page 404 =
    /resizer/$name.$extension?width=$width&height=$
      height;

}

location /resizer {

  image_filter resize $arg_width $arg_height;

}
```

在上面的配置片段中，首先尝试提供一个按照 URI 请求的图像，如果没有找到一个合适的命名图像，就会移动到/resize 位置。/resize 这个 location 是像一个正则表达式那样定义的 location，以便我们能够捕获我们希望大小的图像。注意，我们使用命名捕获组来创建有意义的变量名字，然后将这些传递到/resize 中，以便我们能够有作为 URI 的原始文件的名字和作为命名参数的宽和高。

现在我们组合 Nginx 的 `proxy_store` 或者 `proxy_cache` 功能来保存调整大小后的图像，以便同样 URI 的其他请求不再需要“击中”`image_filter` 模块。

```
server {
```

```
  root /home/www;

  location /img {

    try_files $uri /resize/$uri;

  }

  location /resize {

    error_page 404 = @resizer;
  }

  location @resizer {
    internal;
    proxy_pass http://localhost:8080$uri;
    proxy_store /home/www/img$request_uri;
    proxy_temp_path /home/www/tmp/proxy_temp;
  }

}

server {

  listen 8080;

  root /home/www/img;

  location ~* /resize/(?.<name>.*)_(?<width>[[:digit:]]*)
    x(?<height>[[:digit:]]*)\.(?<extension>gif|jpe?g|png)$ {

    error_page 404 = /resizer/$name.$extension?width=$width&heigh
      t=$height;

  }

  location /resizer {

    image_filter resize $arg_width $arg_height;

  }

}
```

正如你在 image_filter 模块指令表中看到的，由该模块返回的任何错误代码都是 415。我们可以“抓住”这个代码将其替换为一个空的 GIF，以便最终用户仍旧获取的是一个图像而不是一个错误消息。

```
location /thumbnail {

  image_filter resize 90 90;

  error_page 415 = @empty;

}
location = @empty {

  access_log off;

  empty_gif;

}
```

image_filter 的 size 参数特别值得一提，在将这个参数配置在 location 中后，投递给客户端的不是图像本身而是有关图像本身的一些信息。这个用法在你的应用程序中在调用调整或者修剪 URI 之前，对于发现有关图像的元数据信息很有用。

```
location /img {

  image_filter size;

}
```

结果是一个 JSON 对象，如下示例所示。

```
{ "img" : { "width": 150, "height": 200, "type": "png" } }
```

7.7　跟踪网站访问者

跟踪特定网站访问者，一个不太显眼的方式是使用 userid 模块。这个模块会设置用于识别唯一客户端的 cookie。这些 cookie 的值通过$uid_set 变量应用获取。当同一用户返回到该网站，该 cookie 仍然有效，该值在变量$uid_got 中有效。看下面的这个例子如何使用这些 cookie。

```
http {

  log_format useridcomb '$remote_addr - $uid_got [$time_local] '
  '"$request" $status $body_bytes_sent '
  '"$http_referer" "$http_user_agent"';

  server {
```

```
        server_name .example.com;

        access_log logs/example.com-access.log useridcomb;

        userid on;
        userid_name uid;

        userid_domain example.com;

        userid_path /;

        userid_expires 365d;

        userid_p3p 'policyref="/w3c/p3p.xml", CP="CUR ADM OUR NOR STA NID"';

    }

}
```

表 7-10 总结了 Userid 模块的指令列表。

表 7-10　　Userid 模块指令

Userid 模块指令	说明
Userid	该指令通过下面的参数来激活此模块。 ◆ on：该参数启用版本 2 的 cookie，并且记录它们。 ◆ v1：该参数启用版本 1 的 cookie，并且记录它们。 ◆ log：该参数不发送 cookie，但是记录进入的 cookie。 ◆ off：该参数不发送 cookie，也不记录到日志
userid_domain	该指令配置域设置 cookie
userid_expires	该指令设置 cookie 的生存期。如果使用了关键字 max，那么将会为浏览器设置生存期到 31 Dec 2037 23:55:55 GMT
userid_name	该指令设置 cookie 的名字（默认值为 uid）
userid_p3p	该指令配置 P3P 头，用于使用 p3p（Platform for Privacy Preferences）协议的站点
userid_path	该指令设置 cookie 的路径
userid_service	该指令设置服务 cookie 标识。例如，如果是版本 2，那么 cookie 将会设置为服务器的 IP 地址

7.8　防止意外代码执行

当试图构造一个你希望它做什么的配置时，你可能会无意中允许了你所不愿意的。看一下下面的配置块。

```
location ~* \.php {

  include fastcgi_params;

  fastcgi_pass 127.0.0.1:9000;

}
```

从这个配置中可以看出，我们对 PHP 文件的请求都将会被传递到 FastCGI 服务器响应并处理这些请求。如果给定传入的文件仅是 PHP 文件，那么这个配置是没问题的，但是由于 PHP 编译和配置的不同性可能结果并非总是如此。如果用户上传的是包含 PHP 文件的相同目录结构，那么这将会是一个问题。

用户可能会阻止以.php 为后缀的文件上传，但允许上传.jpg、.png 和.gif 文件。恶意用户可以上传嵌入 PHP 代码的图像文件，这样的结果是导致 FastCGI 服务器通过传递一个上传文件名的 URI 来执行这段代码。

要阻止这类事情发生，可以设置 PHP 的参数 `cgi.fix_pathinfo` 的值为 0，也可以在 Nginx 的配置文件中添加以下类似配置。

```
location ~* \.php {

  try_files $uri =404;

  include fastcgi_params;

  fastcgi_pass 127.0.0.1:9000;

}
```

在上面的配置中我们使用 `try_files`，以确保将请求传递到 FastCGI 服务器处理之前 PHP 文件确实存在。

> **最佳方法：**
> 请记住，你应该评估你的配置，以便查看配置是否适合您的目标。如果只有几个文件，你最好通过明确指定的 PHP 文件的方式来执行，而不是使用正则表达式的 location 和相应的 `try_files` 方式。

7.9　小结

Nginx 提供了多种方法来支持开发人员将高性能的 Web 服务器集成到他们的应用中，

我们看到了集成旧的和新的应用程序下的各种可能。缓存在现代 Web 应用中起关键作用。为了尽快地投递 Web 网页，Nginx 提供了被动和主动的方法使用缓存。

我们还探讨了 Nginx 如何通过添加或替换文本来操纵响应。Nginx 也可以使用 SSI。我们看到了将这些命令集成到普通文本文件中的一个方法。然后，我们验证了在 Nginx 中嵌入了强大的 Perl 功能。

在 Nginx 中图像转换模块也可能被使用，我们研究了如何设置一个唯一的 cookie 来跟踪网站访问者。本章我们围绕关于如何阻止意外程序运行讨论。总体上，当 Nginx 作为 Web 服务器时，开发者有相当多的工具与 Nginx 协同工作。

Lua 超出了我们在本章中探讨的范围，在下一章中，我们将讨论 Nginx 与 Lua 集成，以便为应用程序开发人员提供更多的灵活性。

第 8 章
在 Nginx 中集成 Lua

Nginx 是可扩展的，可用于处理各种使用场景。在本章中，我们将探讨使用 Lua 扩展 Nginx 的一些可能性，Lua 是一种嵌入式脚本语言，它专为这样的目的而设计。我们将讨论的主题包括以下内容：

- ngx_lua 模块；
- 集成 Lua；
- 使用 Lua 记录日志。

8.1 ngx_lua 模块

与所包含的 perl 模块类似，第三方 ngx_lua 模块用于处理单独配置无法解决的使用场景。鉴于 Lua 的嵌入式设计和协同（绿色线程）实现，Lua 很好地服务于这个目的，因为 lua 不会像 perl 模块那样阻塞整个 worker 进程。

OpenResty 项目（https://openresty.org/）是 ngx_lua 的官方来源，并提供了一组由 Nginx、ngx_lua、一个 Lua 解释器以及一些第三方模块组成的 Web 平台，其中的第三方模块用于将 Nginx 转换为应用程序服务器。这是第 1 章中详细阐述的安装说明的一个替代方法。下载源代码之后，将其解压并使用./configure、make 与 make install 命令进行标准安装。下面是一个会话示例，它禁用了一些额外的模块，并将整个安装放在/ opt/resty 目录下。

```
$ ./configure \
        --prefix=/opt/resty \
        --user=www \
        --group=www \
        --conf-path=/opt/resty/nginx.conf \
```

```
    --with-cc-opt="-I/usr/local/include" \

    --with-ld-opt="-L/usr/local/lib" \
    --with-pcre-jit \
    --with-ipv6 \
    --with-http_gunzip_module \
    --with-http_secure_link_module \
    --with-http_gzip_static_module \
    --without-http_redis_module \
    --without-http_xss_module \
    --without-http_memc_module \
    --without-http_rds_json_module \
    --without-http_rds_csv_module \
    --without-lua_resty_memcached \
    --without-lua_resty_mysql \
    --without-http_ssi_module \
    --without-http_autoindex_module \
    --without-http_fastcgi_module \
    --without-http_uwsgi_module \
    --without-http_scgi_module \
    --without-http_memcached_module \
    --without-http_empty_gif_module
```

请注意，我们禁用了 ssi 模块。Nginx 并不支持同时使用 ssi 模块与 ngx_lua 模块处理请求。

使用 ngx_lua 模块时，请记住当读取模块本身时，每个 worker 进程会加载一次全局变量。因此，最好的做法是声明所有变量为局部变量。

8.2 集成 Lua

在 Nginx 中使用 ngx_lua 模块有助于你编写更高性能的应用程序。无须将逻辑传递到上游服务器（upstream server），Lua 便可处理该进程。你可以在 Nginx 请求处理的不同阶段调用 ngx_lua 模块。

许多 ngx_lua 配置指令直接引用它们影响到的请求阶段。例如，在请求的那个阶段，Lua 将使用 init_by_lua、init_worker_by_lua、content_by_lua、rewrite_by_lua、access_by_lua、header_filter_by_lua、body_filter_by_lua 以及 log_by_lua 来做一些事情。根据请求处理链中要使用 Lua 的位置，你可以使用相应的指令。

加载 Lua 脚本来处理请求涉及使用 lua_package_path 指令指定查找脚本的位置，然后使用适当的_by_lua 指令来执行该脚本。

```
lua_package_path    "$prefixlib/?.lua;;";
server {
    location / {
        content_by_lua_block {
            local logging = require("logging")
            ngx.say("Hello world")
        }
    }
}
```

除了指令外，ngx_lua 还可以使某些功能与 Nginx 交互。这些功能组成了 Lua 的 Nginx API。下面的表 8-1 是完整 API 的摘录，其内容可在 https://github.com/openresty/lua-nginx-module#nginx-api-for-lua 页面访问。

表 8-1　　选择用于 Lua API 的 Nginx 指令

选择用于 Lua API 的 Nginx 指令	说明
ngx.cookie_time	给定自 1970 年 1 月 1 日以来以秒为单位的时间，该指令返回可以用作 cookie 到期时间戳的字符串
ngx.ctx	指定用于保存当前请求的上下文数据的 Lua 表
ngx.decode_args	输出 URI 参数的 Lua 表，从作为参数提供的 URI 查询字符串解析为键/值对
ngx.encode_args	获取 URI 参数的 Lua 表，并将其编码为适合在 URI 中使用的字符串
ngx.eof	指定输出流的末尾
ngx.escape_uri	使用 URI 转义格式化作为参数提供的字符串
ngx.exec	启动内部重定向到另一个 Nginx 位置，将可选参数作为第二个字符串或 Lua 表传递
ngx.exit	退出当前请求，返回作为参数提供的状态代码，或者返回以前对 ngx.status 的调用设置的状态代码
ngx.flush	当这个指令被调用为 true 时，将导致先前的 ngx.print 或 ngx.say 调用以同步模式运行，直到所有输出都被写入发送缓冲区时才返回
ngx.get_phase	返回 Nginx 请求处理的当前阶段：init、work_state、ssl_cert、set、rewrite、balancer、access、content、header_filter、body_filter、log 或 timer 中的一个
ngx.http_time	给定自 1970 年 1 月 1 日以来以秒为单位的时间，该指令返回可以用作 HTTP 头时间戳的字符串
ngx.is_subrequest	如果当前请求是 Nginx 子请求，则返回 true

续表

选择用于 Lua API 的 Nginx 指令	说明
ngx.localtime	从 Nginx 缓存返回以 yyyy-mm-dd hh：mm：ss 为格式的本地时间
ngx.location.capture	向另一个 Nginx location 发出子请求。该指令返回一个包含 4 个键的表：status、header、body 和 truncated（如果主体被截断，则表示一个布尔值）
ngx.log	作为日志级别（ngx.STDERR、ngx.EMERG、ngx.ALERT、ngx.CRIT、ngx.ERR、ngx.WARN、ngx.NOTICE、ngx.INFO 与 ngx.DEBUG 之一）的第一个参数，然后将行发送到错误日志中
ngx.now	返回从 Nginx 的缓存以秒和毫秒为单位的 1970 年 1 月 1 日以来的时间
ngx.parse_http_time	获取时间戳字符串并返回自 1970 年 1 月 1 日或者 nil（如果格式不正确）以来的秒数
ngx.print	将输出发送到响应主体
ngx.say	将输出发送到响应正文中，并使用结尾的换行符
ngx.status	检索或设置请求的响应状态的值。如果做了设置，请确保在发送响应头之前这样做。
ngx.time	从 Nginx 的缓存返回自 1970 年 1 月 1 日以来的时间（以秒为单位）
ngx.today	以 yyyy-mm-dd 格式从 Nginx 的缓存返回当前的本地时间和日期
ngx.unescape_uri	获取字符串并颠倒其 URI 转义
ngx.update_time	使用 syscall 更新 Nginx 的时间缓存
ngx.utctime	从 Nginx 的缓存返回 yyyy-mm-dd hh:mm:ss 格式的 UTC 时间

Nginx 中的任何变量集都可以在 Lua 脚本中通过 ngx.var.VARIABLE_NAME 来访问。你也可以在 Lua 脚本中设置这些变量。类似地，头文件可以在 Lua 脚本中通过 ngx.header.HEADER 来访问。

数组和哈希表（字典）变量作为表存储在 Lua 中。当嵌套表时，包含另一个表的表称为元表（metatable）。你可以通过元表来实现继承，同时作为表中的条目应该如何操作的则是一般描述（更详细的信息请访问 https://www.lua.org/pil/13.html 页面）。使用 lua_shared_dict 指令创建的共享表可以通过 ngx.shared.DICT 变量在 Lua 脚本中引用。

当使用 Lua 编写脚本时，如果要重用的话，请将 Nginx 变量放在局部变量中。这有助于防止内存膨胀，因为这些变量中的每一个都会分配给每个请求的内存池，这只会在请求结束时释放。

8.3　使用 Lua 记录日志

结合在本章中学到的内容，我们给出了一个实际应用，让我们用 Lua 添加一些请求日志。Lua 运行良好，因为我们能够跟踪共享表中的每一个请求。存储在该表中的数据可以用我们选择的任何方式来表示。该代码可以在 https://github.com/mtourne/nginx_log_by_lua 页面上访问。

8.4　小结

正如你所看到的，与 Lua 协同工作，你将受益颇多。ngx_lua 模块增加了使用 Nginx 的可能性，将拙劣的 Web 服务器和反向代理转变为一个成熟的应用服务器。在这里，我们只做了肤浅地探讨。这个主题的完整内容本身就是一本书。

在下一章中，我们将探讨故障排除技术，以便在某些功能无法正常工作时解决问题的根源。

第 9 章
故障排除技巧

我们生活在一个不完美的世界。尽管我们有最好的意图和规划，但有时事情并不如我们预料的那样。我们需要能够退一步，看一下什么地方出了错。如果我们不能立即看到是什么原因造成的错误，那么我们就需要一个能够进入内部的工具箱技术帮助我们发现问题。这个塑造出的过程就是盘查什么地方出了问题，如何解决它，这就是我们所说的故障排除。

在这一章中，我们探讨 Nginx 不同的技术故障。

- 日志文件分析。
- 配置高级日志。
- 常见的配置错误。
- 操作系统限制。
- 性能问题。
- 使用 Stub Status 模块（Stub Status）。

9.1 分析日志文件

在进入一个长时间的调试会话试图追查问题的原因之前，通常先看一下日志文件是有帮助的，这些日志往往会提供给我们跟踪错误并改正它的线索。出现在 `error_log` 中的信息有时会有点神秘，因此我们将讨论日志条目的格式，然后再通过几个例子，向你展示如何解释它们的含义。

9.1.1 错误日志文件格式

Nginx 通过使用 `error_log` 指令产生了不同的日志功能，这些功能使用的格式采取以下模式。

```
<timestamp> [log-level] <master/worker pid>#0: message
```

考虑一下下面的示例。

```
2012/10/14 18:56:41 [notice] 2761#0: using inherited sockets from "6;"
```

这是一个日志信息的例子（日志级别为 notice），在这种情况下，一个 Nginx 二进制替代了先前运行的 Nginx 二进制，并且新的二进制能够成功地继承旧的二进制的套接字。

错误级别的记录器会产生类似以下的消息内容。

```
2012/10/14 18:50:34 [error] 2632#0: *1 open() "/opt/nginx/html/blog"
failed (2: No such file or directory), client: 127.0.0.1, server: www.
example.com, request: "GET /blog HTTP/1.0", host: "www.example.com"
```

根据这个错误，你将会看到来自操作系统的消息，或者是来自于 Nginx 自身。在这种情况下，我们看一下以下组件。

- 时间戳（2012/10/14 18:50:34）；
- 日志级别（error）；
- 运行 pid（2632）；
- 连接数（1）；
- 系统调用（open）；
- 系统调用的参数（/opt/nginx/html/blog）；
- 从系统调用产生的错误消息（2: No such file or directory）；
- 造成错误请求的客户端（127.0.0.1）；
- 负责处理请求的 server（www.example.com）；
- 请求本身（GET /blog Http/1.0）；
- 在请求中发送的 Host 头（www.example.com）

下面是一个严重级别（critical- level）的日志条目示例。

```
2012/10/14 19:11:50 [crit] 3142#0: the changing binary signal is ignored:
you should shutdown or terminate before either old or new binary's process
```

严重级别的消息意味着 Nginx 不能够执行请求的操作。如果仍然没有运行，那么这意味着 Nginx 将无法启动。

这里是一个紧急消息的示例。

```
2012/10/14 19:12:05 [emerg] 3195#0: bind() to 0.0.0.0:80 failed (98:
Address already in use)
```

紧急消息也意味着 Nginx 不响应任何请求，这也意味着 Nginx 没有启动，或者是如果它已经运行，这时要求读取配置，那么它将不会执行请求的变更。

最佳方法：

如果你疑惑为什么配置文件改变后没有效果，那么你需要检查错误日志文件。Nginx 最有可能是在配置文件中遇到错误，而没有应用这个改变。

9.1.2 错误日志文件条目实例

以下是从真实日志文件中发现的一些错误消息。在每个例子的后面都有一个简短的解释，说明这意味着什么。请注意，由于新版本 Nginx 的改进，确切的文字可能不同于你在日志文件看到的内容。

请看下面的日志条目示例。

```
2012/11/29 21:31:34 [error] 6338#0: *1 upstream prematurely
closed connection while reading response header from upstream,
client: 127.0.0.1, server: , request: "GET / HTTP/1.1", upstream:
"fastcgi://127.0.0.1:8080", host: "www.example.com"
```

这条日志信息有几种解释。这可能意味着与我们会话的服务器在执行时发生了错误，不能够正确地使用 FastCGI 协议会话。这也意味着在 HTTP 服务器上有错误方向的流量，而不是 FastCGI 服务器。如果是这样的话，可以通过简单的配置改变（使用 proxy_pass 而不是用 fastcgi_pass，或者使用 FastCGI 服务器的正确地址）修复这个问题。

这种类型的消息也可能只是意味着上游服务器（upstream server）需要较长时间来生成一个响应。其原因可能是多方面的。但生成解决方案对于 Nginx 而言是相当简单的，即增加耗时。根据负责生成该连接的模块，proxy_read_timeout 或者 fastcgi_read_timeout（或者其他*_read_timeout）指令从默认的 60s 增大它们的值。

请看下面的日志条目示例。

```
2012/11/29 06:31:42 [error] 2589#0: *6437 client intended to send too
large body: 13106010 bytes, client: 127.0.0.1, server: , request: "POST
/upload_file.php HTTP/1.1", host: "www.example.com", referrer: "http://
www.example.com/file_upload.html"
```

这条日志相当易懂。Nginx 报告了因上传的文件太大而不能上传。要想修复这个问题，需要增加 client_body_size 指令的值。需要注意的是，由于编码的原因，上传的文件大小大约比实际文件自身要大百分之三十（例如，如果你想允许你的用户上传 12 MB 的文件，那么你需要将该指令的值设置为 16 MB）。

请看下面的日志条目示例。

```
2012/10/14 19:51:22 [emerg] 3969#0: "proxy_pass" cannot have URI part in
location given by regular expression, or inside named location, or inside
"if" statement, or inside "limit_except" block in /opt/nginx/conf/nginx.
conf:16
```

在这个例子中，我们看到 Nginx 由于配置错误将不会启动。至于 Nginx 为什么不会启动，该错误信息给出的非常详细。从错误信息中我们看到，在 `proxy_pass` 指令的参数中不应该有 URI 部分。Nginx 甚至还告诉我们，在配置文件中的哪一行（在这里是 16 行，也就是这一行`/opt/nginx/conf/nginx.conf`）发生了配置错误。

```
2012/10/14 18:46:26 [emerg] 2584#0: mkdir() "/home/www/tmp/proxy_temp"
failed (2: No such file or directory)
```

在这个例子中，Nginx 不能启动的原因是因为它不能执行它要查找的内容，在 Nginx 中指令 `proxy_temp_path` 指定的路径用于存储代理的临时文件，如果 Nginx 不能创建该目录，那么它将不能启动，因此首先要确保该目录的存在。

请看下面的日志条目示例。

```
2012/10/14 18:46:54 [emerg] 2593#0: unknown directive "client_body_temp_
path" in /opt/nginx/conf/nginx.conf:6
```

我们看到前面有个代码，该代码的含义是一个令人费解的消息。我们知道 `client_body_temp_path` 是一个有效指令，但是 Nginx 不接受它，并且给出了“不认识该指令（unknown directive）”的消息。但是，当我们想到 Nginx 如何处理它的配置文件的时候，我们意识到关键在这里。Nginx 建立在一个模块化的方式之上。Nginx 在构建模块时，每个模块负责处理自己的配置上下文。

因此，我们得出结论，该指令出现在能够解析它本身模块所属区段之外。

```
2012/10/16 20:56:31 [emerg] 3039#0: "try_files" directive is not allowed
here in /opt/nginx/conf/nginx.conf:16
```

Nginx 有时候会暗示我们错在哪里。在前面的例子中，Nginx 能够理解 `try_files` 指令，但是告诉我们该指令用错了地方。它很方便地给我们提供配置文件中发生错误的位置，这样我们可以更容易地找到它。

```
2012/10/16 20:56:42 [emerg] 3043#0: host not found in upstream "tickets.
example.com" in /opt/nginx/conf/nginx.conf:22
```

这个紧急级别消息提示我们，如果在配置文件中使用了主机名，那么 Nginx 依赖于 DNS。如果 Nginx 不能够解析 upstream、proxy_pass、fastcgi_pass 及其他*_pass 中的主机名，那么它将不会启动。在顺序上，这将会是 Nginx 启动要在一个新的引导之后。因此，要确保在启动 Nginx 之前便启动名字解析。

```
2012/10/29 18:59:26 [emerg] 2287#0: unexpected "}" in /opt/nginx/conf/
nginx.conf:40
```

这种类型的消息表示一个配置错误，即 Nginx 不能关闭区段。一些内容阻止了使用{与}字符，这使得 Nginx 形成完整的区段格式。这通常意味着前面的行丢失了分号，因此 Nginx 将}字符读作未完成行的一部分。

```
2012/10/28 21:38:34 [emerg] 2318#0: unexpected end of file, expecting "}"
in /opt/nginx/conf/nginx.conf:21
```

与以前的错误相关，这个错误意味着 Nginx 在找到一个匹配的右大括号之前到达了配置文件的末尾。当有不匹配的{和}字符出现时，则会出现这样的错误。使用文本编辑器查找匹配的大括号，确切地定位不匹配的大括号所在之处是非常有用的。在缺少大括号的地方，按照你的配置意图完成大括号的添加。

```
2012/10/29 18:50:11 [emerg] 2116#0: unknown "exclusion" variable
```

在这里，我们看到使用了一个未声明的变量，这意味着$exclusion 变量定义变量值在配置文件中的出现要先于 set、map 或者 geo 指令。这种类型的错误也可能预示着变量本身的拼写错误。我们可能定义了一个$exclusions 变量，但后来在使用时却错误地引用了$exclusion。

```
2012/11/29 21:26:51 [error] 3446#0: *2849 SSL3_GET_FINISHED:digest check
failed
```

这意味着你需要禁用 SSL 会话重用，通过设置 proxy_ssl_session_reuse 指令值为 off 来完成。

9.2 配置高级日志记录

在正常情况下，我们要尽可能地记录最少的日志。通常最重要的是客户访问的哪一个

URI 和什么时候访问，如果出现错误，那么显示其错误信息。如果我们想看到更多的信息，那么就需要进入调试日志级别了。

9.2.1　调试日志记录

要激活调试日志，则需要在配置编译 Nginx 二进制时添加`--with-debug`选项。对于高性能的生产系统，我们不推荐使用该选项。根据需要，我们可以提供两个独立的 Nginx 二进制文件。一个用于生产环境，另一个与前一个有同样的 compile- time 选项，但是额外添加了`--with-debug`选项，以便我们可以在运行时简单地交换二进制，从而实现能够调试的目的。

9.2.2　在运行时切换二进制运行文件

Nginx 提供了在运行时切换出二进制文件的能力。在运行时可以用一个不同的 Nginx 二进制替代，或者是因为需要升级，也可能是我们想让 Nginx 载入一个模块，在编译后替换 Nginx 程序，我们都可以替换正在运行的 Nginx 的二进制程序。

1. 向正在运行的 Nginx 的 master 进程发送一个 USR2 信号，告诉它启动一个新的 master 进程。它将会重命名 PID 文件为.oldbin（例如，`var/run/nginx.pid.oldbin`）。

```
# kill -USR2 'cat /var/run/nginx.pid'
```

此时将会有两个 Nginx 的 master 进程运行，每一个都有它自己的 worker 处理进入的请求。

```
root 1149 0.0 0.2 20900 11768  ?? Is Fri03PM 0:00.13 nginx: master
process /usr/local/sbin/nginx
www 36660 0.0 0.2  20900 11992 ?? S 12:52PM 0:00.19 nginx: worker
process (nginx)
www 36661 0.0 0.2  20900 11992 ?? S 12:52PM 0:00.19 nginx: worker
process (nginx)
www 36662 0.0 0.2  20900 12032 ?? I 12:52PM 0:00.01 nginx: worker
process (nginx)
www 36663 0.0 0.2  20900 11992 ?? S 12:52PM 0:00.18 nginx: worker
process (nginx)
root 50725 0.0 0.1 18844 8408  ?? I 3:49PM  0:00.05 nginx: master
process /usr/local/sbin/nginx
www 50726 0.0 0.1  18844 9240  ?? I 3:49PM  0:00.00 nginx: worker
process (nginx)
www 50727 0.0 0.1  18844 9240  ?? S 3:49PM  0:00.01 nginx: worker
process (nginx)
www 50728 0.0 0.1  18844 9240  ?? S 3:49PM  0:00.01 nginx: worker
```

```
process (nginx)
www 50729 0.0 0.1 18844 9240 ?? S 3:49PM 0:00.01 nginx: worker
process (nginx)
```

2．向旧的 Nginx 的 master 进程发送 WINCH 信号，告诉它停止处理新的请求，并且当 worker 处理完成当前的请求后要淘汰它的 worker 进程。

```
# kill -WINCH 'cat /var/run/nginx.pid.oldbin'
```

你会获得如下响应输出。

```
root 1149 0.0 0.2 20900 11768 ?? Ss Fri03PM 0:00.14 nginx: master
process /usr/local/sbin/nginx
root 50725 0.0 0.1 18844 8408 ?? I 3:49PM 0:00.05 nginx: master
process /usr/local/sbin/nginx
www 50726 0.0 0.1  18844 9240 ?? I 3:49PM 0:00.00 nginx: worker
process (nginx)
www 50727 0.0 0.1  18844 9240 ?? S 3:49PM 0:00.01 nginx: worker
process (nginx)
www 50728 0.0 0.1  18844 9240 ?? S 3:49PM 0:00.01 nginx: worker
process (nginx)
www 50729 0.0 0.1  18844 9240 ?? S 3:49PM 0:00.01 nginx: worker
process (nginx)
```

3．向旧的 Nginx 的 master 进程发送 QUIT 信号，一旦它的 worker 处理完毕，那么我们将仅运行新的 Nginx 二进制响应请求。

```
# kill -QUIT 'cat /var/run/nginx.pid.oldbin'
```

在向旧的二进制发送 QUIT 信号之前，如果新的二进制有什么问题，我们还可以回滚到旧的 Nginx 二进制。

```
# kill -HUP 'cat /var/run/nginx.pid.oldbin'
# kill -QUIT 'cat /var/run/nginx.pid'
```

如果新的 Nginx 二进制的 master 进程仍旧在运行，那么你可以向它发送 TERM 信号以便强制终止它。

```
# kill -TERM 'cat /var/run/nginx.pid'
```

同样，仍在运行的任何新的 worker 进程使用 KILL 信号都可先停止。

最佳方法：

注意，在 Nginx 二进制升级时，有些操作系统将会自动执行二进制升级过程。

如果我们运行了具有调试功能的 Nginx 二进制运行，那么我们可以配置调试日志记录。

```
user www;

events {

  worker_connections 1024;

}

error_log logs/debug.log debug;
http {

  …

}
```

在 Nginx 的配置文件中，我们将 error_log 指令配置在 main 部分，如果没有在各个部分内部覆盖，那么它对每一部分都起作用。我们可以使用多个 error_log 指令，每一个指向不同的日志记录级别和不同的文件。除了 debug 级别之外，error_log 也可以取以下值。

- debug_core；
- debug_alloc；
- debug_mutex；
- debug_event；
- debug_http；
- debug_imap。

在 Nginx 中，你可以对特定的模块在每个级别进行调试。

你也可以为每个虚拟服务器单独配置错误日志。在这种情况下，错误日志仅依赖于特定服务器的日志。这个概念也可以扩展到 core 和 http 模块。

```
error_log logs/core_error.log;

events {

  worker_connections 1024;

}
```

```
http {

  error_log logs/http_error.log;

  server {

    server_name www.example.com;

    error_log logs/www.example.com_error.log;

  }

  server {

    server_name www.example.org;

    error_log logs/www.example.org_error.log;

  }
}
```

使用这种模式，如果对该部分感兴趣，那么我们可以调试特定的虚拟主机。

```
server {

  server_name www.example.org;

  error_log logs/www.example.org_debug.log debug_http;

}
```

下面的例子是来自于一个 debug_http 级别的请求输出，相关的解释在每一行都有说明。

```
<timestamp> [debug] <worker pid>#0: *<connection number>
  http cl:-1 max:1048576
```

在请求处理阶段，rewrite 模块便很早就被激活了。

```
<timestamp> [debug] <worker pid>#0: *<connection number> rewrite phase: 3
<timestamp> [debug] <worker pid>#0: *<connection number> post rewrite
phase: 4
<timestamp> [debug] <worker pid>#0: *<connection number> generic phase: 5
<timestamp> [debug] <worker pid>#0: *<connection number> generic phase: 6
<timestamp> [debug] <worker pid>#0: *<connection number> generic phase: 7
```

访问约束检查。

```
<timestamp> [debug] <worker pid>#0: *<connection number> access phase: 8
<timestamp> [debug] <worker pid>#0: *<connection number> access: 0100007F
FFFFFFFF 0100007F
```

接下来解析 try_files 指令，在 try_files 指令的参数中，文件路径的构建来自于任何字符串（http script copy）加上任何变量的值（http script var）。

```
<timestamp> [debug] <worker pid>#0: *<connection number> try files phase: 11
<timestamp> [debug] <worker pid>#0: *<connection number> http script copy: "/"
<timestamp> [debug] <worker pid>#0: *<connection number> http script var:
"ImageFile.jpg"
```

评估参数，然后与 location 的 alias 或者 root 指令部分连接，最后就是能够找到文件的完整路径。

```
<timestamp> [debug] <worker pid>#0: *<connection number> trying to use
file: "/ImageFile.jpg" "/data/images/ImageFile.jpg"
<timestamp> [debug] <worker pid>#0: *<connection number> try file uri: "/
ImageFile.jpg"
```

一旦找到此文件，便会处理该文件的内容。

```
<timestamp> [debug] <worker pid>#0: *<connection number> content phase: 12
<timestamp> [debug] <worker pid>#0: *<connection number> content phase: 13
<timestamp> [debug] <worker pid>#0: *<connection number> content phase: 14
<timestamp> [debug] <worker pid>#0: *<connection number> content phase: 15
<timestamp> [debug] <worker pid>#0: *<connection number> content phase: 16
```

该 http 文件名的路径就是文件的全路径，将被发送。

```
<timestamp> [debug] <worker pid>#0: *<connection number> http filename:
"/data/images/ImageFile.jpg"
```

静态模块收到该文件的描述符。

```
<timestamp> [debug] <worker pid>#0: *<connection number> http static fd: 15
```

在响应体内，任何临时内容都将不会再需要。

```
<timestamp> [debug] <worker pid>#0: *<connection number> http set discard body
```

当知道了该文件的所有信息之后，Nginx 就能够构建完整的响应头。

```
<timestamp> [debug] <worker pid>#0: *<connection number> HTTP/1.1 200 OK
Server: nginx/<version>
```

```
Date: <Date header>
Content-Type: <MIME type>
Content-Length: <filesize>
Last-Modified: <Last-Modified header>
Connection: keep-alive
Accept-Ranges: bytes
```

下一阶段会涉及任何输出格式上的转换，这些转换将由输出过滤器在文件上执行。

```
<timestamp> [debug] <worker pid>#0: *<connection number> http write
filter: l:0 f:0 s:219

<timestamp> [debug] <worker pid>#0: *<connection number> http output
filter "/ImageFile.jpg?file=ImageFile.jpg"

<timestamp> [debug] <worker pid>#0: *<connection number> http copy
filter: "/ImageFile.jpg?file=ImageFile.jpg"

<timestamp> [debug] <worker pid>#0: *<connection number> http postpone
filter "/ImageFile.jpg?file=ImageFile.jpg" 00007FFF30383040
<timestamp> [debug] <worker pid>#0: *<connection number> http write
filter: l:1 f:0 s:480317

<timestamp> [debug] <worker pid>#0: *<connection number> http write
filter limit 0
<timestamp> [debug] <worker pid>#0: *<connection number> http write
filter 0000000001911050

<timestamp> [debug] <worker pid>#0: *<connection number> http copy
filter: -2 "/ImageFile.jpg?file=ImageFile.jpg"

<timestamp> [debug] <worker pid>#0: *<connection number> http
finalize request: -2, "/ImageFile.jpg?file=ImageFile.jpg" a:1, c:1

<timestamp> [debug] <worker pid>#0: *<connection number> http run
request: "/ImageFile.jpg?file=ImageFile.jpg"

<timestamp> [debug] <worker pid>#0: *<connection number> http writer
handler: "/ImageFile.jpg?file=ImageFile.jpg"

<timestamp> [debug] <worker pid>#0: *<connection number> http output
filter "/ImageFile.jpg?file=ImageFile.jpg"

<timestamp> [debug] <worker pid>#0: *<connection number> http copy
filter: "/ImageFile.jpg?file=ImageFile.jpg"

<timestamp> [debug] <worker pid>#0: *<connection number> http postpone
```

```
filter "/ImageFile.jpg?file=ImageFile.jpg" 0000000000000000

<timestamp> [debug] <worker pid>#0: *<connection number> http write
filter: l:1 f:0 s:234338

<timestamp> [debug] <worker pid>#0: *<connection number> http write
filter limit 0

<timestamp> [debug] <worker pid>#0: *<connection number> http write
filter 0000000000000000

<timestamp> [debug] <worker pid>#0: *<connection number> http copy
filter: 0 "/ImageFile.jpg?file=ImageFile.jpg"

<timestamp> [debug] <worker pid>#0: *<connection number> http writer
output filter: 0, "/ImageFile.jpg?file=ImageFile.jpg"

<timestamp> [debug] <worker pid>#0: *<connection number> http writer
done: "/ImageFile.jpg?file=ImageFile.jpg"
```

一旦输出过滤器完成运行，那么请求也就完成了。

```
<timestamp> [debug] <worker pid>#0: *<connection number> http finalize
request: 0, "/ImageFile.jpg?file=ImageFile.jpg" a:1, c:1
```

如果连接应该保持打开，那么由 keepalive 处理程序负责决定。

```
<timestamp> [debug] <worker pid>#0: *<connection number> set http
keepalive handler
<timestamp> [debug] <worker pid>#0: *<connection number> http close
request
```

请求被处理之后，将会产生记录。

```
<timestamp> [debug] <worker pid>#0: *<connection number> http log handler

<timestamp> [debug] <worker pid>#0: *<connection number> hc free:
0000000000000000 0

<timestamp> [debug] <worker pid>#0: *<connection number> hc busy:
0000000000000000 0

<timestamp> [debug] <worker pid>#0: *<connection number> tcp_nodelay
```

客户关闭连接，因此 Nginx 也关闭连接。

```
<timestamp> [debug] <worker pid>#0: *<connection number> http keepalive
handler

<timestamp> [info] <worker pid>#0: *<connection number> client <IP
```

```
address> closed keepalive connection

<timestamp> [debug] <worker pid>#0: *<connection number> close http
connection: 3
```

正如你看到的，这里包含了相当多的内容。如果你遇到麻烦，想搞清楚为什么一个特定的配置不工作，那么查看输出的调试日志将会给你很大的帮助。你可以立即看到不同的过滤器运行在什么顺序下，也包括在服务请求中调用什么样的处理器。

9.2.3 使用访问日志文件进行调试

在我学习如何编程的时候，并不能够找到问题的根源所在，我的一个朋友告诉我“无处不在地使用 printf（put printf's everywhere）”，那就会最快找到问题的根源。他的意思是，在每一个代码的分支处设置一个声明打印出相关的信息，这样我们就可以看到哪些代码路径得到执行，哪儿的逻辑被打破。通过这么做，我们可以想像发生了什么事情，可能更容易看到问题所在。

同样的原则可以应用到配置 Nginx 中，但是不是使用 printf( )，我们可以使用 log_format 和 access_log 指令来降低可视的日志，并且分析在请求处理过程中发生了什么事情。在使用 log_format 指令时，在 Nginx 的配置文件中不同地方变量的值会有所不同。

```
http {

  log_format sentlog '[$time_local] "$request" $status
    $body_bytes_sent ';
  log_format imagelog '[$time_local] $image_file $image_type '
  '$body_bytes_sent $status';


  log_format authlog '[$time_local] $remote_addr $remote_user '
  '"$request" $status';

}
```

使用多个 access_logs 看一下在什么时间调用哪些 location。通过在每一个 location 中配置不同的 access_log，我们能够很清楚地看到没有使用哪些 location。在 location 中做任何改变都将不会影响对请求的处理，在处理中高级别 location 层次的 access_logs 首先被检查。

```
http {

  log_format sentlog '[$time_local] "$request" $status
    $body_bytes_sent ';

  log_format imagelog '[$time_local] $image_file $image_type '
```

```
    '$body_bytes_sent $status';

    log_format authlog '[$time_local] $remote_addr $remote_user '
    '"$request" $status';

    server {

      server_name .example.com;

      root /home/www;

      location / {
        access_log logs/example.com-access.log combined;

        access_log logs/example.com-root_access.log sentlog;

        rewrite ^/(.*)\.(png|jpg|gif)$ /images/$1.$2;

        set $image_file $1;

        set $image_type $2;
      }

      location /images {

        access_log logs/example.com-images_access.log imagelog;

      }

      location /auth {

        auth_basic "authorized area";

        auth_basic_user_file conf/htpasswd;

        deny all;

        access_log logs/example.com-auth_access.log authlog;

      }

    }

}
```

在上面的例子中，我们为每一个 location 配置了一个 `access_log` 指令，以及为每个 `access_log` 声明了不同的 `log_format`。我们可以通过相应的 `access_log` 指令确定哪些请求是通过哪一个 location 提供访问的。例如，如果在 `example.com-images_ access.log` 文件中没有日志条目，那么我们就知道没有请求到达/images 指定的 location 中。我们可以比较各种日志文件的内容看一下变量是否被设置为适当的值，例如，$image_file 和 $image_type 变量为空，原因是 access_log 中使用的 imagelog 仅是一个占位符而已。

9.3 常见的配置错误

排查问题中的下一步，是看一下你的配置文件，看它是否能够真正达到你所要完成的目标。Nginx 的配置在网上传播了好几年了，在通常情况下，它们是为 Nginx 的旧版本设计的，并解决特定的问题。不幸的是，没有真正理解这些配置却被复制来解决这个问题。有时候有更好的方法来解决同样的问题，那就是采用较新的配置。

9.3.1 使用 if 取代 try_files

以下是这样一种情形，希望提供给用户静态的文件。如果文件是在文件系统中发现的，那么由文件系统提供；如果没有，就将请求传递到一个 FastCGI 服务器。

```
server {

  root /var/www/html;

  location / {

    if (!-f $request_filename) {

      include fastcgi_params;

      fastcgi_pass 127.0.0.1:9000;

      break;

    }

  }

}
```

用这个方法解决的原因是 Nginx 还没有出现 try_files 指令，该指令出现在 Nginx 的 0.7.27 版本中。为什么这种配置被认为是一个配置错误，原因是它涉及在 location 中使用 if 指令。详细信息请参见 4.11 节，这种配置会导致不期望的结果或者可能发生崩溃。这个问题正确的解决方法如下。

```
server {

  root /var/www/html;
```

```
  location / {

    try_files $uri $uri/ @fastcgi;

  }

  location @fastcgi {
    include fastcgi_params;

    fastcgi_pass 127.0.0.1:9000;

  }

}
```

指令 `try_files` 被用于决定文件是否存在于文件系统上，如果不存在，那么将请求传递到 FastCGI 服务器，而不再使用 `if`。

9.3.2 使用 if 作为主机名切换

基于 HTTP Host 头使用 `if` 作为重定向请求的配置示例举不胜举，这些类型的配置可以作为选择器以及为每个请求评估。

```
server {

  server_name .example.com;

  root /var/www/html;

  if ($host ~* ^example\.com) {

    rewrite ^/(.*)$ http://www.example.com/$1 redirect;

  }

}
```

每一个请求都得进行 `if` 评估，反而导致处理成本的增加，Nginx 的正常请求匹配常规化能够将请求路由到正确的虚拟服务器。重定向能够放置在属于它的地方，即使没有重写规则。

```
server {

  server_name example.com;

  return 301 $scheme://www.example.com;

}
```

```
server {

  server_name www.example.com;

  root /var/www/html;

  location / {

    …

  }

}
```

9.3.3 不使用 server 部分的配置追求更好的效果

下面的另一个复制的配置片段来自于 server 部分，它经常导致不正确的配置。server 部分描述的是整个虚拟主机（对一个特定的 server_name 实例解决所有事情），在这些复制的配置片段中，它未被充分利用。

我们经常看到在每一个 location 中指定 root 和 index 指令。

```
server {

  server_name www.example.com;

  location / {

    root /var/www/html;

    index index.php index.html index.htm;

  }

  location /ftp{

    root /var/www/html;

    index index.php index.html index.htm;

  }

}
```

当新的 location 添加时，这个配置将会出现配置错误，指令不能被复制到那些新的

location 中，或者是不能正确地复制。在这里使用 root 指令为虚拟服务器指明文档的根目录，用 index 指明尝试给定 URI 提供的文件。这些指令的值将会被 server 范围内的任何 location 指令继承。

```
server {
  server_name www.example.com;
  root /var/www/html;
  index index.php index.html index.htm;
  location / {
    ...
  }
  location /ftp{
    ...
  }
}
```

在这个配置文件中，我们指定的所有文件都会在/var/www/html 中找到，在任何 location 中将会按照 index.php、index.html、index.htm 顺序尝试提供访问。

9.4　操作系统限制

通常操作系统是我们发现问题的最后一个地方。我们假设不管是谁安装的系统，在类似情况下都对工作量和测试进行调优。但是并非如此，我们有时候需要查找操作系统自身以便找到瓶颈。

对于 Nginx 而言，有两个主要地方能初步查找性能问题：文件描述符限制和网络限制。

9.4.1　文件描述符限制

Nginx 使用文件描述符有几种不同的方式。主要的方式用于响应客户端连接，每一个连接使用一个文件描述符。每一个出栈的连接（尤其是在代理配置中盛行）需要一个独一无二的 IP:TCP 端口对，指的是 Nginx 使用文件描述符。如果 Nginx 提供任何静态文件或者是从缓存中响应，也同样使用文件描述符。正如你看到的，文件描述符的数量会随着用户并发迅速攀升。Nginx 使用文件描述符的总数受到操作系统的限制。

典型的类 UNIX（UNIX-like）操作系统相比一般用户而言对超级用户（`root`）有一组不同的限制设置。因此，确保作为一个非特权用户执行下面的命令。运行 Nginx 的用户指的是在编译 Nginx 时通过`--user` 指定的用户，或者是在配置文件中使用 user 指定的用户。

```
ulimit -n
```

该命令将会显示出允许该用户打开的文件描述符数量。通常，这个值设置为 1024 这样一个保守数量，或者可能更低。既然我们知道 Nginx 将会是该机器上使用文件描述符的主要用户，那么我们可以将这个数设置得高一些。具体如何设置这个数量要依赖于特定的操作系统，你可以按照如下方法进行。

- Linux:

```
vi /etc/security/limits.conf


www-run hard nofile 65535
$ ulimit -n 65535
```

- FreeBSD:

```
vi /etc/sysctl.conf


kern.maxfiles=65535
kern.maxfilesperproc=65535
kern.maxvnodes=65535
# /etc/rc.d/sysctl reload
```

- Solaris:

```
# projadd -c "increased file descriptors" -K "process.max-file-
descriptor=(basic,65535,deny)" resource.file

# usermod -K project=resource.file www
```

前面的 3 个命令将会增加文件描述符的数量，允许 `www` 用户的新进程使用，还需要重新启动机器。

下面的两个命令将会增加运行 Nginx 进程文件描述符的最大数量。

```
# prctl -r -t privileged -n process.max-file-descriptor -v 65535 -i
process 'pgrep nginx'


# prctl -x -t basic -n process.max-file-descriptor -i process 'pgrep
nginx'
```

每一种方法都将会改变操作系统自身的限制，但是对于运行中的 Nginx 进程没有任何影响。要想让 Nginx 使用指定的文件描述符数量，需要设置 `worker_rlimit_nofile` 指令的值为这个新的限制。

```
worker_rlimit_nofile 65535;

worker_processes 8;

events {

  worker_connections 8192;

}
```

现在向 nginx 的 master 进程发送 HUP 信号。

```
# kill -HUP 'cat /var/run/nginx.pid'
```

然后 Nginx 将会处理 65000 的并发客户端连接，包括连接到上游服务器、任何本地静态文件或者是缓存文件。如果你拥有 8 个内核的 CPU 或者高 I/O 密集型，那么这么多 `worker_processes` 实例才有意义。如果不是这种情况，那么减少 `worker_processes` 的数量，以便匹配 CPU 内核数量和增加 `worker_connections` 数量，以使两者的乘积接近 65000。

就你的硬件和使用情况而言，你当然可以增加总的文件描述符数量和 `worker_connections` 到极限，这样才有意义。Nginx 能够处理数以百万计的并发连接，提供操作系统的限制和设置正确的配置。

9.4.2 网络限制

如果你发现自己在一个没有可用的网络缓冲的环境中，你只能从控制台登录。Nginx 收到相当多的客户端连接后，会导致所有有效的网络缓冲被用光，那么在这种情况下就会发生上述的情况。针对特定的操作系统增加网络缓冲的数量，设置如下所示。

◆ FreeBSD:

```
vi /boot/loader.conf

kern.ipc.nmbclusters=262144
```

◆ Solaris:

```
# ndd -set /dev/tcp tcp_max_buf 16777216
```

在 Nginx 作为邮件或者 HTTP 代理时，它需要同上游服务器打开多个连接。为了使尽可能多地打开连接，你可以将 TCP 端口范围调整到最大。

◆ Linux:

```
vi /etc/sysctl.conf


net.ipv4.ip_local_port_range = 1024 65535
# sysctl -p /etc/sysctl.conf
```

◆ FreeBSD:

```
vi /etc/sysctl.conf


net.inet.ip.portrange.first=1024
net.inet.ip.portrange.last=65535
# /etc/rc.d/sysctl reload
```

◆ Solaris:

```
# ndd -set /dev/tcp tcp_smallest_anon_port 1024
# ndd -set /dev/tcp tcp_largest_anon_port 65535
```

调整了这些基本值之后，我们将在下一节中看一看更具体的性能相关参数。

9.5 性能问题

在设计应用程序并且配置由 Nginx“投递”它时，我们期望它有良好表现。然而，当遇到性能问题的时候，我们需要来看一下是什么原因导致的。可能在应用程序本身，也可能是我们的 Nginx 配置问题。我们将研究如何发现问题所在。

在 Nginx 作为代理时，它的大部分工作是在网络上。如果在网络级别上有任何限制，那么 Nginx 将不能发挥其最佳性能。网络调优针对特定的操作系统以及 Nginx 所运行的特定网络，因此这些调优参数应该在特定的环境下测试。

有关网络性能的一个最重要的值是监听新 TCP 连接队列的大小，应该增加这个值，以便接受更多的客户访问。具体如何做到这一点，选择什么样的值，这取决于使用的操作系统和优化目标。

- Linux:

```
vi /etc/sysctl.conf

net.core.somaxconn = 3240000
# sysctl -p /etc/sysctl.conf
```

- FreeBSD:

```
vi /etc/sysctl.conf

kern.ipc.somaxconn=4096
# /etc/rc.d/sysctl reload
```

- Solaris:

```
# ndd -set /dev/tcp tcp_conn_req_max_q 1024
# ndd -set /dev/tcp tcp_conn_req_max_q0 4096
```

下一个参数用于改变发送和接收的缓冲大小。请注意，这些值仅用于说明目的——它们可能导致使用更多的内存，因此在特定的环境中一定要确保测试。

- Linux:

```
vi /etc/sysctl.conf

net.ipv4.tcp_wmem = 8192 87380 1048576
net.ipv4.tcp_rmem = 8192 87380 1048576
# sysctl -p /etc/sysctl.conf
```

- FreeBSD:

```
vi /etc/sysctl.conf

net.inet.tcp.sendspace=1048576
net.inet.tcp.recvspace=1048576
# /etc/rc.d/sysctl reload
```

- Solaris:

```
# ndd -set /dev/tcp tcp_xmit_hiwat 1048576
```

```
# ndd -set /dev/tcp tcp_recv_hiwat 1048576
```

你也可以在 Nginx 的配置文件中直接改变这些缓冲，以便它们仅对 Nginx 有效，而不是针对运行在该机器上的任何其他软件。当你有多个服务运行时，这可能是可取的，但要确保 Nginx 拥有较多的网络资源。

```
server {

  listen 80 sndbuf=1m rcvbuf=1m;

}
```

依赖于对网络的设置，你会发现性能发生明显变化。你应该检查您的特定设置，每次做一个变化，观察每次更改后的结果。性能调优可以在许多不同的层面进行，但在这里过于小的性能调整没有任何意义。如果你有兴趣了解更多有关性能调优的内容，有许多的书籍和网上资源，你应该看一看。请访问 http://www.brendangregg.com/linuxperf.html 页面查看性能调优的示例。

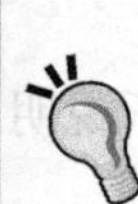

在 Solaris 系统中使得网络调优持久化

在前面的两部分中，我们在命令行中改变了 TCP 级别的一些参数。例如，Linux 和 FreeBSD 平台上，在重新启动系统后，这些改变将会持久化，因为这些改变将会写入系统配置文件（例如，/etc/sysctl.conf）。对于 Solaris，其位置有所不同。这些改变不会保存在 sysctls 中，因此它们不会持久保存在该文件中。

在 Solaris 上要实现 TCP 级别的持久化，详情请参见附录 D“Solaris 系统下的网络调优”。

9.6 使用 Stub Status 模块

Nginx 提供了一个自检模块，它的输出是关于它如何运行的一些统计状态。这个模块称之为 Stub Status，在编译 Nginx 二进制文件时通过--with-http_stub_status_module 参数启用它。

要想看到由该模块产生的统计状态，那么需要在 Nginx 的配置文件中启用 stub_status 指令，在一个单独的 location 中启用该模块，以便制定 ACL。

```
location /nginx_status {
```

```
    stub_status on;

    access_log off;

    allow 127.0.0.1;

    deny all;

}
```

从 localhost（例如，使用 curl http://localhost/nginx_status）查看这个 URI，显示的输入内容基本类似如下。

```
Active connections: 2532
server accepts handled requests
1476737983 1476737983 3553635810
Reading: 93 Writing: 13 Waiting: 2426
```

在这里我们看到有 2532 个打开的连接，在这些连接中有 93 个连接正在读取 Nginx 的请求头，有 13 个连接正在读取 Nginx 的请求体，处理请求或者向客户端写响应；剩余的 2426 个请求被看作是 keepalive 连接。从这个 nginx 进程启动后，它接受和处理了 1476737983 个连接，就是说没有在接受连接后立即关闭的情况出现。这里还说明了一共有 3553635810 个请求被 1476737983 个连接处理，也就是说每个连接平均处理了 2.4 个请求。

这种类型的数据可以被收集并且使用你喜欢的系统度量工具链绘制成图，有 Munin、Nagios、collectd 等其他软件的插件，通过 stub_status 模块收集状态数据。随着时间的推移，你可能会注意到某些趋势，并能够将其关联到特定的因素。但只有当数据被收集后，在用户流量峰值以及在操作系统做了改变时，那么才能在这些图中都可见。

9.7 小结

在将一个新的软件投入生产环境时，将会在多个层面上出现问题。有些错误可以测试出来，并且在测试环境中解决，而有些层面的问题仅在实际负载与实际用户下才出现。要发现这些问题的原因，Nginx 在多个层面提供了非常详细的日志记录。

有些信息可能有多种解释，但整体样式是可以理解的。通过试验配置，查看产生什么类型的错误信息，对于如何解释错误日志中的条目，我们可以有所感觉。由于操作系统默认设置为大多数用户系统设置了某些限制，因此操作系统影响着 Nginx 的运行。理解了在

TCP 层面是怎么回事有助于调整这些参数，以满足实时条件下的负载。我们通过 stub_status 模块能够提供的各种信息来帮助我们排除故障。这些数据对于我们获取如何执行 Nginx 总体思路非常有用。

下面是附录部分，第一个附录是指令参考，在这里列出所有的 Nginx 配置指令，包括默认值以及在什么环境中可以使用它们。

附录 A 指令参考

该附录中列出了贯穿本书的配置指令，也有一些指令是在本书中没有出现的，但是为了完整性也列在这里，每一个指令条目的介绍说明都扩展到该指令可以用在哪个区段中。如果一个指令有默认值，那么也将默认值列出来。这些指令是在 Nginx 1.9.11 版本下的指令，最新的列表可以在 http://nginx.org/en/docs/dirindex.html 上找到。

表　　　　指令参考

指令	说明	区段/默认值
accept_mutex	worker 进程对新进入的连接实施序列化 accept()方法	有效区段：events 默认值：on
accept_mutex_delay	如果一个 worker 仍旧执行时，另一个 worker 进程将会等待接受新连接的最大时间长度	有效区段：events 默认值：500 ms
access_log	描写访问日志记录了访问了哪里以及访问情况。第一个参数是一个路径，也就是写入日志的地方，变量可以用在这个路径中。特定的值 off 用于关闭日志功能。第二个参数是一个可选值，它指示写入日志时所使用的 log_format 格式，如果没有指定第二个参数，那么是预定义的 combined 格式将会被使用。第三个参数也是一个可选项，如果使用写缓存记录日志，那么通过该参数设置写缓存大小。如果使用了写缓存，那么设置的这个大小不能够超过该文件系统原子磁盘的大小	有效区段：http、server、location、if in location、limit_except 默认值：logs/access.log combined
add_after_body	在响应体后添加子请求的结果	有效区段：http、server、location 默认值：-
add_before_body	在响应体前添加子请求的结果	有效区段：http、server、location 默认值：-

续表

指令	说明	区段/默认值
add_header	给响应代码为 200、204、206、301、302、303、304 或者 307 的响应添加头	有效区段：http、server、location、if in location 默认值：-
addition_types	除 text/html 之外，列出响应额外的 MIME 类型，设置为*，会启用所有的 MIME 类型	有效区段：http、server、location 默认值：text/html
aio	用于启动异步文件 I/O。在现代的 FreeBSD 系统和发布的 Linux 系统中该指令都有效。在 FreeBSD 上 aio 可能被用于为 sendfile 提前载入数据；在 Linux 下，需要 directio，自动禁用 sendfile	有效区段：http、server、location 默认值：off
alias	定义位置的其他名字，便于在文件系统中找到。如果该位置指定了一个正则表达式，那么别名应该定义捕获正则表达式	有效区段：location 默认值：-
allow	设置允许访问的 IP 地址、网络或者所有	有效区段：http、server、location、limit_except 默认值：-
ancient_browser	一个或者多个字符串，如果在 User- Agent 头中找到这些字符串，那么变量$ancient_browser 将会被设置为 ancient_browser_value 指令的值，以便表示这是一个老的浏览器	有效区段：http、server、location 默认值：-
ancient_browser_value	该指令指定的值也就是$ancient_browser 变量将来被设置的值	有效区段：http、server、location 默认值：1
auth_basic	启用 Http Basic Authentication 身份验证，参数作为域的名字。如果设置为 off，那么 auth_basic 不会继承上一级的设置	有效区段：http、server、location、limit_except 默认值：off
auth_basic_user_file	用于用户验证的文件，文件的每一行包括 username:password:comment 元组，password 需要使用加密算法加密，comment 是可选项	有效区段：http、server、location、limit_except 默认值：-
auth_http	用于 POP3/IMAP 认证的服务器	有效区段：mail、server 默认值：-
auth_http_header	设置额外的头（第一个参数），并指定值（第二个参数）	有效区段：mail、server 默认值：-

续表

指令	说明	区段/默认值
auth_http_pass_client_cert	指定是否将PEM编码的客户端证书作为Auth-SSL-Cert 头传递	有效区段:mail、server 默认值: off
auth_http_timeout	Nginx 在与认证服务器通信时，Nginx 等待的最大时间值	有效区段:mail、server 默认值: 60 s
auth_request	应该向其发送授权子请求的 URI	有效区段: http、server、location 默认值: off
auth_request_set	给定值的变量，其中可能包含授权请求的变量	有效区段: http、server、location 默认值: -
autoindex	该指令将会为一个目录自动生成列表页	有效区段： http、server、location 默认值: off
autoindex_exact_size	使用该指令指明在目录中列出文件的大小时使用的单位，是 bytes、KB、MB，还是 GB	有效区段： http、server、location 默认值: on
autoindex_format	用于目录列表的格式	有效区段: http、server、location 默认值: html
autoindex_localtime	设置文件修改时间使用本地时间（on），还是 UTC（off）	有效区段： http、server、location 默认值: off
break	在同一个区段中结束 rewrite 模块指令处理	有效区段： server、location、if 默认值: -
charset	在 Content-Type 响应头中添加指定的字符集。如果指定的这个字符集不同于 source_charset 指令的设置，那么就会执行转换	有效区段： http、server、location、if in location 默认值: off
charset_map	设置一个从一个字符集到另一个字符集的转换表。每一个字符代码都用十六进制指定。文件 onf/koi-win、conf/koi-utf 和 conf/win-utf 分别包含了 koi8-r 到 windows-1251，从 koi8-r 到 utf-8，和 windows-1251 到 utf-8	有效区段: http 默认值: -
charset_types	除了 text/html 之外，列出响应的 MIME 类型，是一种字符集的转换。如果设置为*，那么启用了所有的 MIME 类型	有效区段： http、server、location 默认值: text/ html、text/xml、text/plain、text/vnd.wap.wml、application/x-javascript、application/rss+xml

续表

指令	说明	区段/默认值
chunked_transfer_encoding	在发送到客户端的响应中允许禁用标准的 Http/1.1 块传输	有效区段：http、server、location 默认值：on
client_body_buffer_size	用于设置缓冲大小，当客户端请求体大于默认内存页两倍时，为了阻止临时文件写入磁盘而设置	有效区段：http、server、location 默认值：8k|16k（平台依赖）
client_body_in_file_only	用于调试或者是进一步处理客户端请求体，该指令可以设置为 on，会强制将客户端请求体保存为一个文件。如果设置为 clean，那么在请求被处理完成之后文件就会被删除	有效区段：http、server、location 默认值：off
client_body_in_single_buffer	该指令会强制 Nginx 将整个客户端请求保存在单个缓冲，以便减少复制操作	有效区段：http、server、location 默认值：off
client_body_temp_path	为保存客户端请求体定义一个目录，如果设置了第二个、第三个或者第四个参数，那么这些参数指定了子目录层次结构、子目录中的字符数	有效区段：http、server、location 默认值：client_body_temp
client_body_timeout	指定两个成功读取客户体操作之间的时间长度。如果到达这个时间，那么客户端将会收到一个 408 的错误信息（Request Timeout——请求超时）	有效区段：http、server、location 默认值：60 s
client_header_buffer_size	为客户端请求头指定缓冲大小，默认值为 1kB，如果客户端请求头需求大于这个值，那么要通过该指令明确设置	有效区段：http、server 默认值：1 k
client_header_timeout	指定读取整个请求头的时间，如果到达这个时间，那么客户端会收到一个 408 的错误信息（Request Timeout——请求超时）	有效区段：http、server 默认值：60 s
client_max_body_size	定义允许的最大客户端请求体，如果超过这个大小，那么 413（Request Entity Too Large——请求体太大）错误将会返回给浏览器	有效区段：http、server、location 默认值：1 m
connection_pool_size	微调每个连接的内存分配	有效区段：http、server 默认值：256（32 位平台上）、512（64 位平台上）
create_full_put_path	使用 WebDAV 时允许递归创建目录	有效区段：http、server、location 默认值：off
daemon	设置 Nginx 进程是否以守护进程的方式运行	有效区段：main 默认值：on
dav_access	为新创建的文件和目录设置访问权限。如果 group（用户组）和 all（其他）指定了，那么 user（用户）可以省略	有效区段：http、server、location 默认值：user:rw

续表

指令	说明	区段/默认值
dav_methods	允许指定 HTTP 和 WebDAV 方法，在使用 PUT 方法时，首先会创建一个文件，然后再重命名。因此推荐 client_ body_temp_path 与上传目的地在同一文件系统上。这些文件的修改日志在 Date 头中指定	有效区段：http、server、location 默认值：off
debug_connection	为任何匹配该指令指定的值的客户端启用调试日志。可以指定多次该指令。要调试 UNIX 套接字使用 unix:	有效区段：events 默认值：-
debug_points	在调试时，进程创建一个内核文件（abort）或者停止（stop），以便调试系统	有效区段：main 默认值：-
default_type	设置响应的默认 MIME 类型。如果文件类型不能够匹配由 type 指令指定的任何一个类型，那么该指令设置的值就会被派上用场	有效区段：http、server、location 默认值：text/plain
deny	指定的 IP 地址、网络地址或者 all 被拒绝访问	有效区段：http、server、location、limit_except 默认值：-
directio	启用操作系统指定的特殊标识或功能，用于提供的文件大于给定参数设定的值。在 Linux 下使用 aio 时，需要使用该指令	有效区段：http、server、location 默认值：off
directio_alignment	为 directio 设置准线。默认值为 512，通常足够使用了，然而，如果在 Linux 上使用 XFS 时，推荐增加该值到 4 K	有效区段：http、server、location 默认值：512
disable_symlinks	该指令的更多信息，请参考在 6.2.3 节中的表（HTTP 文件路径指令）	有效区段：http、server、location 默认值：off
empty_gif	在配置的位置中生成一个 1×1 像素的透明 GIF 图像	有效区段：location 默认值：-
env	有如下几种方式用于设置环境变量。 ◆ 在升级中继承。 ◆ 在 perl 模块中使用。 ◆ 在 worker 进程中有效。 ◆ 指定的变量将会在 nginx 的环境变量中找到并使用它们的值。 ◆ 设置一个变量的格式为 var=value。 ◆ N.B. Nginx 是一个额外的变量，并且不能被用户设置	有效区段：main 默认值：TZ

续表

指令	说明	区段/默认值
error_log	error_log 指令指定的文件，所有的错误日志将会被写在这个文件中。可能是一个文件也可能是一个 stderr。在单独的区段中如果没有其他的 error_log 设置，那么这个日志文件作为全局文件，将会记录所有的错误。该指令的第二个参数是一个错误级别参数（debug、info、notice、warn、error、crit、alert、emerg），符合级别的错误将会被写入日志。注意 debug 级别只有在 configure 时选择了 --with-debug 选项才可以使用	有效区段：main、http、server、location 默认值：logs/error.log error
error_page	定义一个 URI，在遇到一个错误代码响应时将会提供这个 URI。添加一个=参数允许响应代码改变。如果参数的左边为空，那么响应代码会来自于 URI，在这种情况下必须由某些上游服务器提供访问	有效区段：http、server、location、if in location 默认值：-
etag	为静态资源禁止自动产生 ETag 响应头	有效区段：http、server、location 默认值：on
events	定义一个新的区段，在区段中指定连接处理指令	有效区段：main 默认值：-
expires	该指令的更多信息，请参考第 7 章“Nginx 的开发”中“使用文件系统作为缓存”部分节中的表（头修改指令）	有效区段：http、server、location、if in location 默认值：off
fastcgi_bind	指定用于连接到 FastCGI 服务器的出栈连接 IP 地址	有效区段：http、server、location 默认值：-
fastcgi_buffer_size	设置缓冲的大小，用于来自于 FastCGI 服务器响应的第一部分，在该部分能够找到响应头	有效区段：http、server、location 默认值：4k|8k（平台依赖）
fastcgi_buffering	是否缓冲来自 FastCGI 服务器的响应	有效区段：http、server、location 默认值：on
fastcgi_buffers	设置用于单个连接的响应缓存大小和数量	有效区段：http、server、location 默认值：4k|8k（平台依赖）
fastcgi_busy_buffers_size	该设置用于在从 FastCGI 服务器读取数据期间将响应发送到客户端使用的总的缓冲。典型的设置是将其设置为 fastcgi 的两倍	有效区段：http、server、location 默认值：4k|8k（平台依赖）

续表

指令	说明	区段/默认值
fastcgi_cache	定义一个共享内存区域，用于缓存使用	有效区段：http、server、location 默认值：off
fastcgi_cache_bypass	一个或者多个字符串变量，如果变量为非空或者非零时，那么不要从缓存中读取响应，而是从 FastCGI 服务器上获取响应	有效区段：http、server、location 默认值：-
fastcgi_cache_key	一个字符串用于存储和获取缓存值的 key	有效区段：http、server、location 默认值：-
fastcgi_cache_lock	启用这个指令将会阻止多个请求生成同一个缓存 key	有效区段：http、server、location 默认值：off
fastcgi_cache_lock_age	在缓存或一个最终请求中出现条目的时间	有效区段：http、server、location 默认值：5 s
fastcgi_cache_lock_timeout	一个请求等待一个条目出现在缓存中或者 fastcgi_cache_lock 锁被释放的时间长度	有效区段：http、server、location 默认值：5 s
fastcgi_cache_methods	该指令指定客户端请求中存在的方法，以便对其进行缓存	有效区段：http、server、location 默认值：GET HEAD
fastcgi_cache_min_uses	一个 key 被缓存之前需要访问的最少次数	有效区段：http、server、location 默认值：1
fastcgi_cache_path	参考 6.8 节中的 FastCGI 指令表	有效区段：http 默认值：-
fastcgi_cache_revalidate	是否应该使用 If-Modified-Since 和 If-None-Match 头来重新验证过期的缓存条目	有效区段：http、server、location 默认值：off
fastcgi_cache_use_stale	在访问 FastCGI 服务器时，如果发生错误，那么将会导致 Nginx 接受缓存提供的过期数据。参数 updating 指示在刷新时数据会被重新载入	有效区段：http、server、location 默认值：off
fastcgi_cache_valid	指示对有效的响应代码 200、301 或 302 缓存的时间长度。如果在时间参数之前指定了一个可选的响应代码，那么这个时间仅对这个代码有效。如果指定了特殊的参数 any，那么表示对任何响应代码都缓存指定的时间长度	有效区段：http、server、location 默认值：-

续表

指令	说明	区段/默认值
fastcgi_connect_timeout	设定 Nginx 产生一个到 FastCGI 服务器的请求到 FastCGI 接受这个请求的最大时间长度	有效区段：http、server、location 默认值：60 s
fastcgi_force_ranges	强制支持字节范围，而不考虑 Accept-Ranges 头的值。	有效区段：http、server、location 默认值：off
fastcgi_hide_header	列出一个不传递到客户端的头列表	有效区段：http、server、location 默认值：-
fastcgi_ignore_client_abort	如果将该指令设置为 on，那么当客户端放弃它的连接之后，Nginx 将不会放弃这个到 FastCGI 服务器的连接	有效区段：http、server、location 默认值：off
fastcgi_ignore_headers	在处理来自 FastCGI 服务器的响应时，通过该指令设置哪些头将会被忽略	有效区段：http、server、location 默认值：-
fastcgi_index	设置附加在$fastcgi_script_name之后的文件名字，结尾是一个斜线	有效区段：http、server、location 默认值：
fastcgi_intercept_errors	如果启用该指令，Nginx 将会显示 error_page 指令的配置，而不是直接响应来自于 FastCGI 服务器的响应	有效区段：http、server、location 默认值：off
fastcgi_keep_conn	通过指示服务器不立即关闭连接来启用 keepalive 连接	有效区段：http、server、location 默认值：off
fastcgi_limit_rate	如果启用缓冲，则以字节/秒的速率来读取 FastCGI 服务器的响应	有效区段：http、server、location 默认值：0（禁用）
fastcgi_max_temp_file_size	设置溢出文件的最大值，当响应不适合内存缓冲值时这种文件就会被写入	有效区段：http、server、location 默认值：1024 M
fastcgi_next_upstream	该指令的更多信息，请参考 6.8 节中的表（FastCGI 指令）	有效区段：http、server、location 默认值：error timeout
fastcgi_next_upstream_timeout	将请求传递到下一个服务器的时间限制	有效区段：http、server、location 默认值：0
fastcgi_next_upstream_tries	将请求之前的尝试次数传递到下一个服务器	有效区段：http、server、location 默认值：0

续表

指令	说明	区段/默认值
fastcgi_no_cache	一个或者多个字符串变量，在非空或者非零的时候将会指示 Nginx 不会将来自于 FastCGI 服务器的响应保存在缓存中	有效区段：http、server、location 默认值：-
fastcgi_param	设置参数及参数值，它们将会被传递到 FastCGI 服务器，如果参数仅在值为非空时才传递，那么需要设置额外 if_not_empty 指令参数	有效区段：http、server、location 默认值：-
fastcgi_pass	指定 FastCGI 服务器传递请求的方式，可以是一个 address:port 组合，也可以是 unix:path 组合的 UNIX 套接字方式	有效区段：location、if in location 默认值：-
fastcgi_pass_header	覆盖掉在 fastcgi_hide_header 指令中设置的禁止传递的头，允许它们发送到客户端	有效区段：http、server、location 默认值：-
fastcgi_pass_request_body	指定是否将原始请求体传递到 FastCGI 服务器	有效区段：http、server、location 默认值：on
fastcgi_pass_request_header	指定是否将原始请求头传递到 FastCGI 服务器	有效区段：http、server、location 默认值：on
fastcgi_read_timeout	指定时间长度，用于在连接关闭之前，从 FastCGI 服务器两次成功读取操作的时间	有效区段：http、server、location 默认值：60 s
fastcgi_request_buffering	在将请求发送到 FastCGI 服务器之前是否缓冲完整的客户端请求体	有效区段：http、server、location 默认值：on
fastcgi_send_lowat	这是一个 FreeBSD 指令，当该指令为非零值，在与上游服务器通信时它将会告诉 Nginx 使用 NOTE_LOWAT 的 kqueue 方式或者 SO_SNDLOWAT 的套接字选项。在 Linux、Solaris 和 Windows 系统中被忽略	有效区段：http、server、location 默认值：0
fastcgi_send_timeout	在一个连接被关闭之前，对 FastCGI 服务器两次写操作的时间长度	有效区段：http、server、location 默认值：60 s
fastcgi_split_path_info	通过两个捕获来定义一个正则表达式。第一个捕获的值来自于$fastcgi_script_name 变量，第二个捕获来自于$fastcgi_path_info 变量	有效区段：location 默认值：-

续表

指令	说明	区段/默认值
fastcgi_store	使来自于 FastCGI 服务器的响应能够作为文件存储在磁盘上。参数 on 将会使用 alias 或者 root 指令作为存储文件路径的基路径，也可以指定一个具体的路径	有效区段：http、server、location 默认值：off
fastcgi_store_access	对新创建的 fastcgi_store 存储文件设置访问权限	有效区段：http、server、location 默认值：user:rw
fastcgi_temp_file_write_size	限制同一时间数据缓冲到临时文件的最大值，以便 Nginx 不会在单个请求上被阻塞太久	有效区段：http、server、location 默认值：8k|16k（平台依赖）
fastcgi_temp_path	在该目录中，存放从 FastCGI 服务器代理而来的临时文件。可以选择多个级别的目录深度，如果设置了第二个、第三个、第四个参数，那么这将会设置一个目录层次结构，并且会用参数值作为子目录名字中字符的数量	有效区段：http、server、location 默认值：fastcgi_temp
flv	在相应的 location 中激活 flv 模块	有效区段：location 默认值：-
geo	定义一个新的区段，在区段中变量被设置了特定的值，值依赖于在其他变量中找到的 IP 地址。如果没有其他变量指定，那么$remote_addr 被用于决定该 IP 地址。区段的格式如下。 geo [$address-variable] $variable-to-be-set { … } 在该区段中下列参数被认可。 ◆ delete：删除特定的网络。 ◆ default：如果没有 IP 地址匹配，那么该变量就会被设置为这个值。 ◆ include：包括一个地址到值映射的文件。 ◆ proxy：定义一个直接连接的地址或者网络，IP 地址将会取之于 the X-Forwarded-For 头。 ◆ proxy_recursive：与代理一同使用，指定使用多个 X-Forwarded-For 头值中的最后一个地址。 ◆ ranges：如果定义了范围，那么表示下列地址被作为一个指定的范围	有效区段：http 默认值：-
geoip_city	指定 GeoIP 数据库文件的路径，数据库文件包括了 IP 地址到城市的映射。可以使用的变量如下。 ◆ $geoip_city_country_code：两个字母的国家代码。	有效区段：http 默认值：-

续表

指令	说明	区段/默认值
geoip_city	◆ $geoip_city_country_code3：3 个字母的国家代码。 ◆ $geoip_city_country_name：国家名字。 ◆ $geoip_region：国家地区名字。 ◆ $geoip_city：城市名字。 ◆ $geoip_postal_code：邮政编码	
geoip_country	指定 GeoIP 数据库文件的路径，文件包括 IP 到国家的映射。可以使用的变量如下。 ◆ $geoip_country_code：两个字母的国家代码。 ◆ $geoip_country_code3：3 个字母的国家代码。 ◆ $geoip_country_name：国家名字	有效区段：http 默认值：-
geoip_org	指定 GeoIP 数据库文件的路径，文件包括 IP 到地区的映射。可以使用的变量如下。 $geoip_org：组织名称	有效区段：http. 默认值：-
geoip_proxy	定义一个直接连接的地址或者网络，IP 地址将会取之于 X-Forwarded-For 头	有效区段：http 默认值：-
geoip_proxy_recursive	同 geoip_proxy 一起工作，用于指定使用多值 X-Forwarded-For 头中最后一个地址	有效区段：http 默认值：off
gunzip	在客户端不支持 gzip 时，启用对 gzip 文件的解压功能	有效区段：http、server、location 默认值：off
gunzip buffers	指定用于解压缩响应的缓冲的大小和数量	有效区段：http、server、location 默认值：32 4 k|16 8 k（平台依赖）
gzip	对响应启用压缩或者禁止压缩功能	有效区段：http、server、location、if in location 默认值：off
gzip_buffers	指定用于压缩响应的缓冲大小和数量	有效区段：http、server、location 默认值：32 4 k|16 8 k（平台依赖）
gzip_comp_level	指定压缩的级别（1～9）	有效区段：http、server、location 默认值：1

续表

指令	说明	区段/默认值
gzip_disable	不能接受压缩响应的浏览器，使用正则表达式表示。特定的值 msie6 是 MSIE [4-6]\.的简写方式，不包括 MSIE 6.0; ... SV1	有效区段：http、server、location 默认值：-
gzip_http_version	对请求考虑压缩之前的 Http 最小版本	有效区段：http、server、location 默认值：1.1
gzip_min_length	在考虑压缩之前响应的最小长度，这个由 Content-Length 头决定	有效区段：http、server、location 默认值：20
gzip_proxied	参考 5.3.4 节中的表（Gzip 模块指令）	有效区段：http、server、location 默认值：off
gzip_static	启用检查与压缩文件，对于支持 gzip 的客户端会直接投递	有效区段：http、server、location 默认值：off
gzip_types	除了默认的 text/html 类型外，设置可以被 gzip 压缩的 MIME 类型。如果设置为*，那么将会对所有 MIME 类型压缩	有效区段：http、server、location 默认值：text/html
gzip_vary	如果 gzip 或者 gzip_static 头激活，启用或者禁用 Vary：Accept-Encoding 响应头	有效区段：http、server、location 默认值：off
hash	用于映射到每个请求的上游服务器的密钥。要在添加或删除服务器时使用 Ketama 一致性哈希（hash）算法而不是再散列（rehashing），请指定一致的参数。	有效区段：upstream 默认值：-
http	创建一个配置区段，在该区段中配置指定 Http 服务器指令	有效区段：main 默认值：-
http2_chunk_size	设置响应体的最大块数值	有效区段：http、server、location 默认值：8 k
http2_idle_timeout	关闭没有活动的连接所需的时间	有效区段：http、server 默认值：3 m
http2_max_concurrent_streams	在单个连接中，设置可能处于活动状态的 HTTP/2 流的数量	有效区段：http、server 默认值：128
http2_max_field_size	设置压缩请求头字段的最大值	有效区段：http、server 默认值：4 k

续表

指令	说明	区段/默认值
http2_max_header_size	设置未压缩请求头的最大值	有效区段：http、server 默认值：16 k
http2_recv_buffer_size	每个 worker 进程的输入缓冲区值	有效区段：http 默认值：256 k
http2_recv_timeout	客户端在连接关闭之前必须发送数据所需的时间	有效区段：http、server 默认值：30 s
if	参考附录 B.1 部分的表（rewrite 模块指令）	有效区段：server、location 默认值：-
if_modified_since	控制如何修改响应时间，与 If-Modified-since 请求头进行比较。 ◆ off：If-Modified-Since 头将会被忽略。 ◆ exact：精确匹配（默认值）。 ◆ before：修改响应的时间小于或者等于 If-Modified-Since 的值	有效区段：http、server、location 默认值：exact
ignore_invalid_headers	禁止忽略无效名字的头。一个有效名字包括 ASII 字符、数字、连字符，可能还有下画线（由 underscores_in_headers 指令控制）	有效区段：http、server 默认值：on
image_filter	参考 7.6 节中的图像过滤指令列表	有效区段：location 默认值：-
image_filter_buffer	用于处理图像的缓冲大小。如果需要更多的内存，服务器将会返回 415 错误（Unsupported Media Type——不支持的媒体类型）	有效区段：http、server、location 默认值：1 M
image_filter_interlace	是否对该过滤器生成的图像进行隔行扫描	有效区段：http、server、location 默认值：off
image_filter_jpeg_quality	设置处理后的 JPEG 图像的品质，不推荐超过 95	有效区段：http、server、location 默认值：75
image_filter_sharpen	通过这个百分比增加图像的清晰度	有效区段：http、server、location 默认值：0
image_filter_transparency	禁用保持透明 GIF 和 PNG 图像转换。默认 on 保留透明度	有效区段：http、server、location 默认值：on
imap_auth	设置支持客户端认证机制。可以是一个或者多个 login、plain，或者 cram-md5	有效区段：mail、server 默认值：plain

续表

指令	说明	区段/默认值
imap_capabilities	指示后端服务器支持 IMAP4	有效区段：mail、server 默认值：IMAP4 IMAP4rev1 UIDPLUS
imap_client_buffer	设置 IMAP 命令的读缓冲大小	有效区段：mail、server 默认值：4k|8k（平台依赖）
include	指定包括额外配置文件的路径。可以指定一个文件作为全局的多个文件	有效区段：any 默认值：-
index	定义在客户端访问时 URI 以/结尾时服务器将提供的文件。可能多个值	有效区段：http、server、location 默认值：index.html
internal	指定一个 location 仅用于内部请求（在其他指令中定义的重定向及类似的请求处理指令）	有效区段：location 默认值：-
ip_hash	通过对 IP 地址哈希计算确保客户均匀地分布在所有 server 上，键为 C 类 IP 地址	有效区段：upstream 默认值：-
keepalive	每一个 worker 进程连接到上游服务器上缓存的连接数。在使用 Http 连接时，proxy_http_version 应该设置为 1.1，proxy_set_header 设置为 Connection	有效区段：upstream 默认值：-
keepalive_disable	对某些类型的浏览器禁用 keep-alive 请求	有效区段：http、server、location 默认值：msie6
keepalive_requests	定义一个 keepalive 连接在关闭之前可能处理的最多请求数	有效区段：http、server、location 默认值：100
keepalive_timeout	指定 keep-alive 连接的时长，如果给定第二个参数，用于在响应中设置 Keep-Alive 头	有效区段：http、server、location 默认值：75 s
large_client_header_buffers	定义客户端请求头缓冲的最大数量和大小	有效区段：http、server 默认值：4 8 k
least_conn	激活负载均衡算法，这种算法使用最少活动连接数的服务器提供下一个新的连接	有效区段：upstream 默认值：-
limit_conn	指定一个共享内存区域（与 limit_conn_zone 一同配置）及允许每一个 key-value 连接的最大数量	有效区段：http、server、location 默认值：-
limit_conn_log_level	在 Nginx 使用 limit_conn 指令限制了连接数量时，使用本指令指定日志级别	有效区段：http、server、location 默认值：error

续表

指令	说明	区段/默认值
limit_conn_status	当请求被拒绝时，发送给客户端的响应代码	有效区段：http、server、location 默认值：503
limit_conn_zone	指定 key 作为 limit_conn 的第一个参数。第二个参数 zone，表明用于存储 key 的共享 zone 的名字、当前每个 key 的连接数及 zone 大小（name:size）	有效区段：http 默认值：-
limit_except	将会限制 location 指定的 Http 变量（GET 也包括 HEAD）	有效区段：location 默认值：-
limit_rate	对客户端下载内容限制速率（字节/秒）。速率限制是在连接级别工作的，这就是说，单个客户端可以增加多个连接来增加它们的吞吐量	有效区段：http、server、location、if in location 默认值：0
limit_rate_after	在传输完成该指令指定的字节数后启用 limit_rate 指令	有效区段：http、server、location、if in location 默认值：0
limit_req	在共享内存存储（通过 limit_req_zone 指令配置）中对特定的 key 设置并发请求能力。第二个参数为 burst，如果在请求之间不应该有延时，那么需要配置第三个参数 nodelay	有效区段：http、server、location 默认值：-
limit_req_log_level	在 Nginx 因为配置了 limit_req 指令而受到请求限制时，这个指令指定限制的日志报告级别。延时的记录要小于这里指定的级别	有效区段：http、server、location 默认值：-
limit_req_status	当请求被拒绝时，发送给客户端的响应代码	有效区段：http、server、location 默认值：503
limit_req_zone	指定限制在 limit_req 指令中作为第一个参数的 key。第二个参数 zone，表示用于存储 key 的共享内存和当前每一个请求 key 的请求数量及 zone 的大小（name:size）。第三个参数 rate，配置限制前每秒（r/s）或者每分钟（r/m）的请求数	有效区段：http 默认值：-
limit_zone	该指令已淘汰不再使用，而改为使用 limit_conn_zone 指令	有效区段：http 默认值：-
lingering_close	该指令指定为了传输更多的数据一个客户端连接将会保持打开多久	有效区段：http、server、location 默认值：on

续表

指令	说明	区段/默认值
lingering_time	该指令与 lingering_close 指令一同使用，它指定一个客户端连接将会保持打开多久用于传输更多的处理数据	有效区段：http、server、location 默认值：30 s
lingering_timeout	与 lingering_close 协同工作，该指令指示在关闭客户端连接之前 Nginx 将会等待额外数据传输的时间	有效区段：http、server、location 默认值：5 s
listen (http)	参考 2.5 节中的表（listen 参数）	有效区段：server 默认值：*:80 | *:8000
listen (mail)	在 Nginx 中 listen 指令唯一的标识了一个套接字。它的参数如下。 bind：为 address:port 对生成一个单独的 bind() 调用	有效区段：server 默认值：-
location	基于请求的 URI 定义一个新的区段	有效区段：server、location 默认值：-
lock_file	设定 lock 文件的前缀名字。根据系统平台，锁文件可能需要执行 accept_mutex 和共享内存访问序列化	有效区段：main 默认值：logs/nginx.lock.
log_format	指定哪些字段出现在日志文件中及以什么样的格式出现	有效区段：http 默认值：combined $remote_addr $remote_user [$time_local], "$request" $status $body_bytes_ sent, "$http_ referer"" $http_ user_agent"'
log_not_found	在错误日志中禁止报告 404 错误	有效区段：http、server、location 默认值：on
log_subrequest	在访问日志中启用记录子请求	有效区段：http、server、location 默认值：off
mail	创建一个用于指定邮件服务器指令的区段	有效区段：main 默认值：-
map	定义一个新的区段，用于指定变量的值，依赖于原变量的值。定义的格式如下。 map $source-variable $variable-to-be-set { … }	有效区段：http 默认值：-

续表

指令	说明	区段/默认值
map	字符或字符串映射也可以是正则表达式。下面的参数可以用在该区段中。 ◆ default：为变量设置一个默认值，如果源变量的值不匹配任何字符串或者正则表达式，那么该默认值将会被使用。 ◆ hostnames：指示原值可能是带有前缀或者后缀的主机名。 ◆ include：包括一个字符串到值映射的文件	
map_hash_bucket_size	用于存储 map 哈希表内存的大小	有效区段：http 默认值：32|64|128
map_hash_max_size	定义 map 哈希表的最大值	有效区段：http 默认值：2048
master_process	定义是否启动 worker 进程	有效区段：main 默认值：on
max_ranges	设置字节范围允许的最大范围值。如果设置为 0，那么禁用字节范围支持	有效区段：http、server、location 默认值：-
memcached_bind	指定一个用于出栈连接 memcached 服务器的 IP 地址	有效区段：http、server、location 默认值：-
memcached_buffer_size	用于设置缓冲来自于memcached响应的大小。该响应被同步发送到客户端	有效区段：http、server、location 默认值：4 k|8 k
memcached_connect_timeout	在向 memcached 服务器生成一个请求后，Nginx 将等待接受它的连接的最长等待时间	有效区段：http、server、location 默认值：60 s
memcached_gzip_flag	指定一个值，在来自于 memcached 服务器的响应中找到后，将其 Content-Encodin 头设置为 gzip	有效区段：http、server、location 默认值：-
memcached_next_upstream	参考 7.1.2 节中的表（memcached 模块指令）	有效区段：http、server、location 默认值：error timeout
memcached_next_upstream_ timeout	在将请求传递到下一个服务器之前可以经过多长时间（默认值为禁用）	有效区段：http、server、location 默认值：0
memcached_next_upstream_tries	在请求传递到下一个服务器之前进行了多少次尝试（默认值为禁用）	有效区段：http、server、location 默认值：0

续表

指令	说明	区段/默认值
memcached_pass	指定 memcached 服务器的名字或者地址和端口。可以是在 upstream 中声明的一个服务器组	有效区段：location、if in location 默认值：-
memcached_read_timeout	指定一个时间长度，该时间是在连接关闭之前从 memcached 服务器上两次成功读取操作释放的时间	有效区段：http、server、location 默认值：60 s
memcached_send_timeout	指定一个时间长度，该时间是在连接关闭之前对 memcached 服务器上两次成功写操作释放的时间	有效区段：http、server、location 默认值：60 s
merge_slashes	禁止移除多个斜线。默认值为 on，这意味着 Nginx 会将两个或者三个斜线合并为一个	有效区段：http、server 默认值：on
min_delete_depth	允许 WebDAV 的 DELETE 方法移除文件，至少请求路径中的这个数量的路径元素会被移除	有效区段：http、server、location 默认值：0
modern_browser	指定 browser 和参数，通过设置$modern_browser 变量为 modern_browser_value，这两者将会一同指示现代浏览器。参数 Browser 可以是 msie、gecko、opera、safari，或者 konqueror，也可以是 unlisted，这表示任何不在 ancient_browser 也不在 modern_browser 中设置的浏览器，或者是丢失 User-Agent 的浏览器都被看作是现代的浏览器	有效区段：http、server、location 默认值：-
modern_browser_value	它的值就是$modern_browser 变量的值	有效区段：http、server、location 默认值：1
mp4	在一个 location 中激活 MP4 模块	有效区段：location 默认值：-
mp4_buffer_size	设置用于投递 MP4 文件的初始缓冲	有效区段：http、server、location 默认值：512 k
mp4_max_buffer_size	设置用于处理 MP4 元数据的最大缓冲	有效区段：http、server、location 默认值：10 m
msie_padding	启用禁止向大于 400 状态代码的 MSIE 客户端响应中添加注释，为了填充响应至 512 字节	有效区段：http、server、location 默认值：on

续表

指令	说明	区段/默认值
msie_refresh	该指令为 MSIE 客户端启用了发送 refresh，而不是 redirect	有效区段：http、server、location 默认值：off
multi_accept	指明 worker 进程立刻接受新的连接。如果使用了 kqueue 事件方法，那么该指令将会被忽略，因为 kqueue 机制报告了新的连接等待接受	有效区段：events 默认值：off
open_file_cache	配置一个缓存用于存储打开的文件描述符、目录查找和文件错误查找	有效区段：http、server、location 默认值：off
open_file_cache_errors	启用了文件查询错误缓存，由 open_file_cache 指令设置	有效区段：http、server、location 默认值：off
open_file_cache_min_uses	配置一个文件在 inactive 参数设置的时间内被使用的最少次数，达到次数的文件描述符将会被缓存对缓存中	有效区段：http、server、location 默认值：1
open_file_cache_valid	指定在 open_file_cache 指令中设置对象的检查时间间隔	有效区段：http、server、location 默认值：60 s
open_log_file_cache	参考 6.2.2 节中的 HTTP 日志指令	有效区段：http、server、location 默认值：off
override_charset	指示是否将来自 proxy_pass 或者 fastcgi_pass 的请求中 Content-Type 头指定字符集覆盖。如果响应来自于一个子请求，那么转换主请求的字符集将总是会被执行	有效区段：http、server、location、if in location 默认值：off
pcre_jit	启用配置时的 Perl 兼容正则表达式即时编译，为了利用这种加速 JIT 的支持需要 PCRE 库	有效区段：main 默认值：off
perl	在 location 中启用 Perl 处理程序，它的参数是一个处理器名字或者是一个描述全路径的字符串	有效区段：location、limit_ except 默认值：-
perl_modules	为 Perl 模块指定了一个额外的搜索路径	有效区段：http 默认值：-
perl_require	指明在每次 Nginx 重新配置后将会载入 Perl 模块。对于独立的模块可以指定多次	有效区段：http 默认值：-
perl_set	安装一个 Perl 处理器设置变量值，参数是处理器的名字或者一个用于描述全路径的字符串	有效区段：http 默认值：-
pid	Nginx 主进程 ID 写入的文件，该设置将会覆盖掉默认编译时的文件	有效区段：main 默认值：nginx.pid

续表

指令	说明	区段/默认值
pop3_auth	设置支持的客户端认证机制，可以是 plain、apop 或者 cram-md5 中的一个或者多个	有效区段:mail、server 默认值：plain
pop3_capabilities	指明后台服务器支持 POP3 的功能	有效区段:mail、server 默认值：TOP USER UIDL
port_in_redirect	决定是否在 redirect 方法中，由 Nginx 指定端口	有效区段：http、server、location 默认值：on
postpone_output	指定 Nginx 发送到客户端数据的最小值。如果可能，那么没有数据发送，直到达到该值	有效区段：http、server、location 默认值：1460
protocol	指定mail服务器支持哪些协议，可以是IMAP、POP3，或者 SMTP	有效区段：server 默认值：-
proxy	启用或者禁用邮件代理	有效区段：server 默认值：-
proxy_bind	设定哪一个 IP 地址用于到代理服务器的出栈连接	有效区段：http、server、location 默认值：-
proxy_buffer	允许设置邮件代理连接的缓冲大小，以超过默认的一页大小	有效区段:mail、server 默认值:4 k|8 k(平台依赖)
proxy_buffer_size	用于来自于上游服务器响应的第一部分的缓冲，在该响应中能够找到响应头	有效区段：http、server、location 默认值:4 K|8 K(平台依赖)
proxy_buffering	激活内容缓冲代理，在设置为 off 时，响应在代理收到的同时将会被发送到客户端	有效区段：http、server、location 默认值：on
proxy_buffers	设置用于上游服务器的缓冲大小和数量	有效区段：http、server、location 默认值:8 4 K|8 K(平台依赖)
proxy_busy_buffers_size	分配给向客户端发送响应缓冲空间的大小，在向客户端发送响应的过程中 Nginx 仍旧从上游服务器读取数据。该指令典型的设置是 proxy_buffers 指令值的两倍	有效区段：http、server、location 默认值:8K|16K(平台依赖)
proxy_cache	定义用于缓存内容的共享区域	有效区段：http、server、location 默认值：off
proxy_cache_bypass	一个或者多个字符串变量，非空或者非零时将会导致响应来自于上游服务器，而不是缓存	有效区段：http、server、location 默认值：-

续表

指令	说明	区段/默认值
proxy_cache_convert_head	缓存时将 HEAD 转换为 GET	有效区段：http、server、location 默认值：on
proxy_cache_key	用于存储或者获取缓存值 key 的字符串	有效区段：http、server、location 默认值：$scheme$proxy_host$request_uri
proxy_cache_lock	启用该指令将会阻止多个请求生成同一个缓存条目	有效区段：http、server、location 默认值：off
proxy_cache_lock_age	在将请求传递到上游服务器之前，等待 proxy_cache_lock 指令多长时间	有效区段：http、server、location 默认值：5 s
proxy_cache_lock_timeout	请求时间的长度，请求将会等待一个条目出现在缓存或者 proxy_cache_lock 指令被释放	有效区段：http、server、location 默认值：5 s
proxy_cache_methods	哪些方法表明请求将被缓存	有效区段：http、server、location 默认值：GET HEAD
proxy_cache_min_uses	响应生成某一个 key 缓存之前，请求被访问的次数	有效区段：http、server、location 默认值：1
proxy_cache_path	参考 5.3.2 节中的代理模块缓存指令表	有效区段：http 默认值：-
proxy_cache_revalidate	根据 If-Modified-Since 和 If-None-Match 头的值启用重新验证	有效区段：http、server、location 默认值：off
proxy_cache_use_stale	在访问上游服务器的过程中如果发生错误，那么将会导致提供过期的缓存数据。参数 updating 指明在刷新数据时被重新载入	有效区段：http、server、location 默认值：off
proxy_cache_valid	指定对代码 200、301，或者 302 响应缓存的时间。如果在时间参数之前给定一个响应代码，那么仅对该响应代码作用。特殊参数 any 表示任意响应代码	有效区段：http、server、location 默认值：-
proxy_connect_timeout	在生成一个到上游服务器的请求时，Nginx 将会等待它的连接被接受的最长时间	有效区段：http、server、location 默认值：60 s

续表

指令	说明	区段/默认值
proxy_cookie_domain	替代来自于上游服务器的 Set-Cookie 头中的 domain 属性；domain 的替代可以是字符串，也可以是正则表达式，或者是一个变量	有效区段：http、server、location 默认值：off
proxy_cookie_path	替代来自于上游服务器的 Set-Cookie 头中的 path 属性；path 的替代可以是字符串，也可以是正则表达式，或者是一个变量	有效区段：http、server、location 默认值：off
proxy_force_ranges	强制支持字节范围，而不考虑 Accept-Ranges 头的值	有效区段：http、server、location 默认值：off
proxy_header_hash_bucket_size	用于存储代理头名字（名字不能超过该指令的值）的缓冲大小	有效区段：http、server、location、if 默认值：64
proxy_header_hash_max_size	从上游服务器接受到头的总的大小	有效区段：http、server、location 默认值：512
proxy_hide_header	不传递到客户端头的列表	有效区段：http、server、location 默认值：-
proxy_http_version	设定与上游服务器通信使用的 HTTP 协议版本（对于 keepalive 连接要使用 1.1）	有效区段：http、server、location 默认值：1.0
proxy_ignore_client_abort	如果设置为 on，客户端放弃连接后，Nginx 不会放弃到上游服务器的连接	有效区段：http、server、location 默认值：off
proxy_ignore_headers	设置在处理来自于上游服务器的响应时哪些头被忽略	有效区段：http、server、location 默认值：-
proxy_intercept_errors	如果启用该指令，那么 Nginx 将会显示 error_page 指令配置的内容，而不是直接显示来自于上游服务器的响应	有效区段：http、server、location 默认值：off
proxy_limit_rate	如果启用了缓冲，将读取来自上游服务器的响应（字节/秒）	有效区段：http、server、location 默认值：0（禁用）
proxy_max_temp_file_size	溢出文件的最大值，在内存缓存不能够容纳响应时	有效区段：http、server、location 默认值：1024 M

续表

指令	说明	区段/默认值
proxy_method	当代理到上游服务器时，代替 HTTP 方法	有效区段：http、server、location 默认值：-
proxy_next_upstream	设置哪一个上游服务器将会被用于响应的条件。如果客户端已经被发送响应，那么该设置将不会被使用。可以使用的条件参数如下。 ◆ error：在与上游服务器通信的过程中出现错误。 ◆ timeout：在与上游服务器通信的过程中出现超时。 ◆ invalid_header：上游服务器返回一个空的或者无效的响应。 ◆ http_500：上游服务器发生了 500 错误。 ◆ http_503：上游服务器发生了 503 错误。 ◆ http_504：上游服务器发生了 504 错误。 ◆ http_404：上游服务器发生了 404 错误。 ◆ off：在发生错误时，禁止将请求传递到下一个上游服务器	有效区段：http、server、location 默认值：error timeout
proxy_next_upstream_timeout	在向下一个服务器发出请求之前经过的秒数	有效区段：http、server、location 默认值：0（禁用）
proxy_next_upstream_tries	在将请求传递到下一个服务器之前的尝试次数	有效区段：http、server、location 默认值：0（禁用）
proxy_no_cache	定义一个不缓存响应的条件。参数是字符串变量，用于评估非空和非零不缓存	有效区段：http、server、location 默认值：-
proxy_pass	指定可以传递请求的服务器，使用 URL 格式	有效区段：location、if in location、limit_ except 默认值：-
proxy_pass_error_message	在后台认证进程向客户端发送一个有用的错误消息情况下有用	有效区段：mail、server 默认值：off
proxy_pass_header	覆盖在 proxy_hide_header 指令中禁用的头，允许它们传递到客户端	有效区段：http、server、location 默认值：-

续表

指令	说明	区段/默认值
proxy_pass_request_body	如果设置为 off，那么阻止向上游服务器发送请求体	有效区段：http、server、location 默认值：on
proxy_pass_request_headers	如果设置为 off，那么阻止向上游服务器发送请求头	有效区段：http、server、location 默认值：on
proxy_read_timeout	指定时间长度，用于在连接关闭之前，从代理服务器两次成功读取操作的时间	有效区段：http、server、location 默认值：60 s
proxy_redirect	重定向来自于上游服务器的 Locaton 和 Refresh 头，对于应用程序框架的假设环境非常有用	有效区段：http、server、location 默认值：default
proxy_request_buffering	在向上游服务器发送请求之前，是否缓冲完整的客户端请求体。	有效区段：http、server、location 默认值：on
proxy_send_lowat	如果非零，那么 Nginx 将会尝试减少出栈到代理服务器的连接数量。在 Linux、Solaris 和 Windows 系统下该命令被忽略	有效区段：http、server、location 默认值：0
proxy_send_timeout	在一个连接被关闭之前，对上游服务器两次写操作的时间长度	有效区段：http、server、location 默认值：60 s
proxy_set_body	通过该指令可以修改发送到上游服务器的请求体	有效区段：http、server、location 默认值：-
proxy_set_header	重写发送到上游服务器的头内容，通过将头的值设置为空字符串，也可以用于不发送某些头	有效区段：http、server、location 默认值：Host $proxy_host、Connection close
proxy_ssl_certificate	用于使用 HTTPS 上游服务器进行身份验证的 PEM 编码文件的证书路径	有效区段：http、server、location 默认值：-
proxy_ssl_certificate_key	用于使用 HTTPS 上游服务器进行身份验证的 PEM 编码文件的密钥路径	有效区段：http、server、location 默认值：-
proxy_ssl_session_reuse	设置在代理中是否重新使用 SSL 会话	有效区段：http、server、location 默认值：on

续表

指令	说明	区段/默认值
proxy_store	启用将从上游服务器获取的响应保存为磁盘文件。如果设置为 on，那么将会使用 alias 或者 root 指令作为存储这些文件的基路径，也可以设置具体的路径存储这些文件	有效区段：http、server、location 默认值：off
proxy_store_access	为新创建的 proxy_store 文件设置文件访问权限	有效区段：http、server、location 默认值：user:rw
proxy_temp_file_write_size	限制同一时间缓存到临时文件的数据总量，以便 Nginx 不会在单个请求上被阻止的时间太长	有效区段：http、server、location 默认值：8 k|16 k（平台依赖）
proxy_temp_path	作为从上游服务器代理而来缓冲临时文件的目录。可以设置多级目录，如果设置了第二、三或者四，那么这些参数将会指定一个多级目录，子目录名字的字符数就是级别的数	有效区段：http、server、location 默认值：proxy_temp
proxy_timeout	如果超时低于默认的 24 小时，那么这个指令需要设置	有效区段:mail、server 默认值：24 h
random_index	在 URI 以/结尾时，激活该指令将会随机选择一个文件提供给客户端	有效区段：location 默认值：off
read_ahead	如果可能，那么内核将会预读文件到 size 参数。支持 FreeBSD 和 Linux（size 参数在 Linux 系统上被忽略）	有效区段：http、server、location 默认值：0
real_ip_header	当 set_real_ip_from 匹配连接的 IP 时，设置该头的值为该客户端的 IP 地址	有效区段：http、server、location 默认值：X-Real-IP
real_ip_recursive	与 set_real_ip_from 一同工作，在 real_ip_header 头中指定的多个地址的最后一个地址将被使用	有效区段：http、server、location 默认值：off
recursive_error_pages	启用多于 error_page 指令指定的一个重定向（默认为 off）	有效区段：http、server、location 默认值：off
referer_hash_bucket_size	设置 referrer 哈希表的大小	有效区段：server、location 默认值：64
referer_hash_max_size	设置 referrer 哈希表的最大值	有效区段：server、location 默认值：2048

续表

指令	说明	区段/默认值
request_pool_size	微调每一个请求的内存分配	有效区段：http、server 默认值：4 k
reset_timedout_ connection	启用这个指令，超时的连接将会被立刻重置，并且释放所有的内存。在默认情况下将套接字设置为 FIN_WAIT1 状态，这是一种 keepalive 连接状态	有效区段：http、server、location 默认值：off
resolver	配置一个或者多个名字服务器用于解析上游服务器名字到 IP 地址。有一个可选的参数 valid，用于覆盖域名字记录的 TTL 值	有效区段：http、server、location 默认值：-
resolver_timeout	设置名字解析的超时值	有效区段：http、server、location 默认值：30 s
return	停止处理并且向客户端返回指定的代码。非标准的代码 444 将会关闭连接，而不发送任何响应头。如果代码伴有另外的文本，那么文本将会被放置在响应体内。如果没有，那么在代码后给定一个 URL，URL 将会是 Location 的头。一个没有代码的 URL 将会被作为 302 处理	有效区段：server、location、if 默认值：
rewrite	参考附录 B.1 中 Rewrite 指令列表	有效区段：server、location、if 默认值：-
rewrite_log	对 rewrites 激活 notice 级别的日志，记录在 error_log 中	有效区段：http、server、if in server、location、if in location 默认值：off
root	设置文档的根路径，将 URI 附加到该值就能够找到要访问的文件	有效区段：http、server、location、if in location 默认值：html
satisfy	如果 access 或者 auth_basic 的值为 all 或者 any，那么允许访问。默认值 any 表示一个用户必须来自于一个指定的网络地址和正确的密码	有效区段：http、server、location 默认值：all
satisfy_any	该指令已不再使用，使用 satisfy 指令的 any 参数	有效区段：http、server、location 默认值：off
secure_link_secret	指定一个密钥，该密钥会通过 MD5 哈希计算作为 URI 的一部分	有效区段：location 默认值：-

续表

指令	说明	区段/默认值
send_lowat	如果该值为非零，Nginx 将会尝试在客户端上最小化发送操作数量。在 Linux、Solaris 和 Windows 下被忽略	有效区段：http、server、location 默认值：0
send_timeout	用于客户端获取响应，该指令设置了两个成功写操作之间的超时	有效区段：http、server、location 默认值：60 s
sendfile	启用 endfile(2)，直接从另一个文件复制数据	有效区段：http、server、location、if in location 默认值：off
sendfile_max_chunk	设置在一个 endfile (2) 调用中复制数据的最大值，以便阻止一个 worker 被占用	有效区段：http、server、location 默认值：0
server (http)	创建一个新的配置区段，定义一个 http 虚拟主机，使用 listen 指令指定 IP 地址和端口号，server_name 指令列出该区段能够匹配 Host 头的值	有效区段：http 默认值：-
server (upstream)	参考 4.4 节中 upstream 模块指令	有效区段：upstream 默认值：-
server (mail)	创建一个新的配置区段，定义一个 mail 主机，使用 listen 指令指定 IP 地址和端口号，server_name 指令列出该区段能够匹配 Host 头的值	有效区段：mail 默认值：-
server_name (http)	配置虚拟主机的名字，用于响应访问	有效区段：server 默认值：""
server_name (mail)	设置服务器的名字，使用方式如下。 ◆ POP3/SMTP 服务问候。 ◆ SASL CRAM-MD5 认证。 ◆ 在 xclient 与 SMTP 后端服务器连接中使用 EHLO 名字	有效区段：mail、server 默认值：hostname
server_name_in_redirect	在该区段中，任何由 Nginx 产生的重定向都会使用 server_name 指令指定的第一个值	有效区段：http、server、location 默认值：off
server_names_hash_bucket_size	设置用于存储 server_name 的哈希表大小	有效区段：http 默认值：32|64|128 (processor dependent)
server_names_hash_max_size	设置 server_name 的哈希表的最大值	有效区段：http 默认值：512

续表

指令	说明	区段/默认值
server_tokens	在错误消息中和 Server 响应头中禁止发送 Nginx 的版本（默认值为 on）	有效区段：http、server、location 默认值：on
set	设置一个给定的变量并指定变量值	有效区段：server、location、if 默认值：-
set_real_ip_from	定义连接地址，客户端的来源 IP 地址将会被从 real_ip_header 头中获取。如果是 unix: 值，则意味着来自于 UNIX 域套接字的所有连接	有效区段：http、server、location 默认值：-
slice	将请求拆分为较小的、可缓存的子请求时使用的切片大小	有效区段：http、server、location 默认值：0
smtp_auth	设置支持 SASL 客户端认证机制，可以是 login、plain，或者 cram-md5 中的一个或者多个	有效区段：mail、server 默认值：login、plain
smtp_capabilities	指定后台服务器支持 SMTP 功能	有效区段：mail、server 默认值：-
so_keepalive	设置到代理服务器上 TCP 的 keepalive 参数	有效区段：mail、server 默认值：off
source_charset	定义响应的字符集。如果不同于定义的字符集，那么将执行转换	有效区段：http、server、location、if in location 默认值：-
split_clients	创建一个区段，适合于 A/B（或分开）变量的测试集。在第一个参数中指定的字符串会使用 MurmurHash2 进行哈希计算。在第二个参数中指定的变量将会基于该区段中指定的字符串选择的哈希值。匹配的指定要么是一个百分比，要么是一个*号	有效区段（s）：http 默认值：-
ssi	启用 SSI 处理文件	有效区段：http、server、location、if in location 默认值：off
ssi_min_file_chunk	设置使用 sendfile(2) 发送文件的最小值	有效区段：http、server、location 默认值：1 K
ssi_silent_errors	在 SSI 处理中发生错误时，阻止错误消息正常的发出	有效区段：http、server、location 默认值：off

续表

指令	说明	区段/默认值
ssi_types	在 SSI 命令中，除了 text/html 之外，列出响应的 MIME 类型。使用*号表示启用所有 MIME 类型	有效区段：http、server、location 默认值：text/html
ssi_value_length	在服务器端包含（Server Side Includes）中设置参数的最大长度	有效区段：http、server、location 默认值：256
ssl (http)	在该虚拟服务器中启用 HTTPS 协议	有效区段:http、server 默认值：off
ssl (mail)	表示该区段支持 SSL/TLS 处理	有效区段:mail、server 默认值：off
ssl_buffer_size	用于发送数据缓冲区的大小。 设置为低尽量减少到第一个字节的时间	有效区段:http、server 默认值：16 K
ssl_certificate (http)	为该 server_name 指定 SSL 证书的路径，证书使用 PEM 格式。如果需要使用中间证书，那么它们需要按照顺序添加，如果有必要一直到 root	有效区段:http、server 默认值：-
ssl_certificate (mail)	为虚拟主机指定的 PEM 编码的 SSL 证书路径	有效区段：mail、server 默认值：-
ssl_certificate_key (http)	指定包含 SSL 证书密钥的文件的路径	有效区段：http、server 默认值：-
ssl_certificate_key (mail)	为虚拟主机指定包含 PEM 编码 SSL 证书密钥的文件	有效区段：mail、server 默认值：-
ssl_ciphers	在该虚拟服务器中支持的密码（OpenSSL 格式）	有效区段：http、server 默认值：HIGH:!aNULL:!MD5
ssl_client_certificate	指定包含 PEM 编码格式的公共 CA 证书文件路径，用于签名客户端证书	有效区段：http、server 默认值：-
ssl_crl	指定包含 PEM 编码格式的证书撤销列表（CRL）文件，用于客户端证书校验	有效区段：http、server 默认值：-
ssl_dhparam	指定包含 DH 参数文件的路径，用于 EDH 密码	有效区段：http、server 默认值：-
ssl_ecdh_curve	用于 ECDHE 密码的曲线	有效区段：http、server 默认值：prime256v1
ssl_engine	指定硬件 SSL 加速器	有效区段：main 默认值：-
ssl_password_file	文件的路径，其中包含所使用密钥的密码，每行一个	有效区段：http、server 默认值：-

续表

指令	说明	区段/默认值
ssl_prefer_server_ciphers (http)	在使用 SSLv3 和 TLS 时，指示在客户端上首选的密钥	有效区段：http、server 默认值：off
ssl_prefer_server_ciphers (mail)	在使用 SSLv3 和 TLS 时，指示在客户端上首选的密钥	有效区段：mail、server 默认值：off
ssl_protocols (http)	指示启用 SSL 协议	有效区段：http、server 默认值：TLSv1、TLSv1.1、TLSv1.2
ssl_protocols (mail)	指示启用 SSL 协议	有效区段：mail、server 默认值：TLSv1、TLSv1.1、TLSv1.2
ssl_session_cache (http)	设置 SSL 缓存的类型和大小，用于存储会话参数。可选的类型如下。 ◆ off：客户端被告知会话根本不需要重用。 ◆ none：客户端被告知会话重用，但是不是真实的。 ◆ builtin：OpenSSL 内置的缓存，并且设置大小，仅用于一个 worker 的会话。 ◆ shared：所有 worker 进程共享的缓存，给定一个缓存定义名称和大小，单位为 MB	有效区段：http、server 默认值：none
ssl_session_cache (mail)	设置 SSL 缓存的类型和大小，用于存储会话参数。可选的类型如下。 ◆ off：客户端被告知会话根本不需要重用。 ◆ none：客户端被告知会话重用，但是不是真实的。 ◆ builtin：OpenSSL 内置的缓存，并且设置大小，仅用于一个 worker 的会话。 ◆ shared：所有 worker 进程共享的缓存，给定一个缓存定义名称和大小，单位为 MB	有效区段：mail、server 默认值：none
ssl_session_timeout (http)	设置客户端使用相同的 SSL 参数的时间，这些参数被存储在缓存中	有效区段：http、server 默认值：5 M
ssl_session_timeout (mail)	设置客户端使用相同的 SSL 参数的时间，这些参数被存储在缓存中	有效区段：mail、server 默认值：5 M
ssl_stapling	启用 OCSP 验证响应。服务器颁发的 CA 证书应该包含在由 ssl_trusted_certificate 指定的指令中。解析器也应该指定，能够解析 OCSP 响应主机	有效区段：http、server 默认值：off
ssl_stapling_file	DER 格式文件的路径，包含基本的 OSCP 响应	有效区段：http、server 默认值：-

续表

指令	说明	区段/默认值
ssl_stapling_responder	指定 OCSP 响应的 URL。当前仅支持使用 http://的 URL	有效区段：http、server 默认值：-
ssl_stapling_verify	启用 OCSP 校验响应	有效区段：http、server 默认值：-
ssl_trusted_certificate	在启用 SSL 时，包含由 CA 签名的 PEM 格式的 SSL 客户端证书和 OCSP 响应	有效区段：http、server 默认值：-
ssl_verify_client	启用 SSL 客户端证书校验。在指定了 optional 参数时，如果设置了校验，则客户端证书将会被要求	有效区段：http、server 默认值：off
ssl_verify_depth	设置在宣布一个客户端证书无效之前需要检查多少位签名	有效区段：http、server 默认值：1
starttls	设置是否支持 STLS/STARTTLS，和/或需要与这台服务器进一步通信	有效区段：mail、server 默认值：off
sub_filter	设置字符串匹配不考虑搜索，匹配的字符串被替换。替换字符串可以包含变量	有效区段：http、server、location 默认值：-
sub_filter_once	设置为 off 将会导致在 sub_filter 中找到多少就匹配多少次	有效区段：http、server、location 默认值：on
sub_filter_types	除了用于替换的 text/html 之外，列出响应的 MIME 类型。如果设置为*，那么将会启用所有 MIME 类型	有效区段：http、server、location 默认值：text/html
tcp_nodelay	启用或者禁用 TCP_NODELAY 选项，用于 keep-alive 连接	有效区段：http、server、location 默认值：on
tcp_nopush	该指令仅在使用了 sendfile 指令后才有用。该指令能够使得 Nginx 尝试在一个数据包中发送响应头，也包括在一个数据包中发送整个文件	有效区段：http、server、location 默认值：off
threadpool	一个用于文件 I/O 的命名线程池，因此 worker 进程不会阻塞	有效区段：main 默认值：default threads=32 maxqueue=65536
timeout	设置 Nginx 等待到一个后端服务器连接超时的时间长度	有效区段：mail、server 默认值：60 s
timer_resolution	指定多久调用 gettimeofday()，而不是每次收到内核事件时调用	有效区段：main 默认值：-

续表

指令	说明	区段/默认值
try_files	测试给定参数文件的存在性。如果前面的文件没有找到，那么最后的条目将会被使用，因此要确保该命名 location 的存在	有效区段：server、location 默认值：-
types	设置 MIME 类型文件扩展名的映射。Nginx 在 conf/mime.types 文件中包含了最大化的 MIME 类型映射。对于大多数需要，使用 include 载入该文件就足够了	有效区段：http、server、location 默认值： text/html html; image/gif gif; image/jpeg jpg
types_hash_bucket_size	用于存储 type 哈希表的大小	有效区段：http、server、location 默认值：32|64|128 (processor dependent)
types_hash_max_size	type 哈希表的最大值	有效区段：http、server、location 默认值：1024
underscores_in_headers	在客户端请求头中启用下画线的使用。默认值为 off，评估这样的头还要服从于指令 ignore_invalid_headers 的值	有效区段：http、server 默认值：off
uninitialized_variable_warn	控制是否记录有关未初始化的变量	有效区段：http、server、location、if 默认值：on
upstream	设置命名区段，用于定义一组服务器	有效区段：http 默认值：-
use	该指令指明使用哪种连接处理方法。通过该指令的配置将会覆盖掉编译安装时的默认值。如果使用该指令，那么它必须在 events 区段内设置。在使用默认编译的方式过程中发现有错误发生时，使用这种方法尤其有用	有效区段：events 默认值：-
user	通过该指令配置 worker 进程运行的 user 和 group，如果 group 被忽略，那么 group 的名字就等于 user	有效区段：main 默认值：nobody nobody
userid	根据下面的参数激活模块。 ◆ on：设置版本 2 的 cookies 并记录。 ◆ v1：设置版本 1 的 cookies 并记录。 ◆ log：禁止设置 cookies，但是记录它们。 ◆ off：禁止设置 cookies 和记录它们	有效区段：http、server、location 默认值：off

续表

指令	说明	区段/默认值
userid_domain	配置 cookie 的域	有效区段：http、server、location 默认值：none
userid_expires	设置 cookie 的生存期，如果使用了 max 关键字，那么指定过期时间为：2037 年 12 月 31 日 23:55:55 GMT	有效区段：http、server、location 默认值：-
userid_mark	设置 userid_name cookie 基于 64 位编码表示结尾的第一个字符	有效区段：http、server、location 默认值：off
userid_name	设置 cookie 的名字	有效区段：http、server、location 默认值：uid
userid_p3p	配置 P3P 头	有效区段：http、server、location 默认值：-
userid_path	定义 cookie 的路径	有效区段：http、server、location 默认值：/
userid_service	设置颁发 cookie 的服务器标识，例如，版本 2 的默认值为设置该 cookie 服务器的 IP 地址	有效区段：http、server、location 默认值：服务器的 IP 地址
valid_referers	定义哪些 Referer 头的值将会导致$invalid_referer 变量设置为一个空字符串，否则将会被设置为 1。它的参数可以是以下中的一个或者多个。 ◆ none：没有 Referer 头。 ◆ blocked：Referer 头存在，但是为空或者缺少 scheme。 ◆ server_names：Referer 头的值是 server_names 其中的一个。 ◆ arbitrary string：Referer 是服务器的名字，可能带有，也可能不带有 URI 前缀，在前面或者结尾有*号。 ◆ regular expression：在 Referer 头的值中匹配 scheme 之后的文本	有效区段：server、location 默认值：-
variables_hash_bucket_size	设置用于存储保留变量缓冲的大小	有效区段：http 默认值：64

续表

指令	说明	区段/默认值
variables_hash_max_size	存储保留变量缓冲的最大值	有效区段：http 默认值：1024
worker_aio_requests	在通过 epoll 使用 aio 时，设置单个 worker 进程能够打开异步 I/O 操作的数量	有效区段：events 默认值：32
worker_connections	该指令配置了一个 worker 进程可以同时打开的最大连接数。这个数量包括，但是不限于客户端连接和到上游服务器的连接	有效区段：events 默认值：512
worker_cpu_affinity	绑定 worker 进程到 CPU 的设置，通过指定掩码位实现。仅在 FreeBSD 和 Linux 下有效	有效区段：main 默认值：-
worker_priority	为 worker 设置调度优先级，类似于 nice 命令，负数被作为更高的优先级	有效区段：main 默认值：0
worker_processes	设置将要启动的 worker 进程数量。这些进程将会处理可能的连接。选择一个正确的数值是一个复杂的过程，一个好的规则就是等于 CPU 的核心数量	有效区段：main 默认值：1
worker_rlimit_core	对正在运行的进程改变内核文件大小的限制	有效区段：main
worker_rlimit_nofile	对正在运行的进程改变打开文件数量的限制	有效区段：main
worker_rlimit_sigpending	在使用 rtsig 连接处理方法时，改变等待信号运行处理的数量的限制	有效区段：main 默认值：-
working_directory	worker 进程的当前工作目录，应该具有写的权限，用于产生内核文件	有效区段：main 默认值：-
xclient	SMTP 允许基于 IP/HELO/ LOGIN 参数的检查，密码通过 XCLIENT 命令。该指令能够使得 Nginx 传递这一信息	有效区段：mail、server 默认值：on
xml_entities	指定被处理的 DTD 文件路径，声明在 XML 中应用的字符条目	有效区段：http、server、location 默认值：-
xslt_last_modified	是否在执行 XSLT 转换时保留 Last-Modified 头	有效区段：http、server、location 默认值：off
xslt_param	传递到 stylesheets 的参数，它的值以 XPath 表示	有效区段：http、server、location 默认值：-
xslt_string_param	传递到 stylesheets 的参数，它的值是字符串	有效区段：http、server、location 默认值：-

续表

指令	说明	区段/默认值
xslt_stylesheet	指定 XSLT 样式表文件，用于转换 XML 响应，参数可以通过 key/value 对传递	有效区段：location 默认值：-
xslt_types	列出除了替换使用的 text/xml 类型之外的 MIME 类型。如果设置为*，那么将会启用所有的 MIME 类型。如果转换结果在 HTML 响应中，那么 MIME 被改变为 text/html	有效区段：http、server、location 默认值：text/xml

附录 B Rewrite 规则指南

本附录的意思是要介绍 Nginx 中的 rewrite 模块，并且作为创建新规则的指南，也包括 Apache 的遗留 rewrite 规则到 Nginx 规则的转换，在本附录中会讨论以下问题。

- 介绍 rewrite 模块。
- 创建新的 rewrite 规则。
- 转换 Apache 下的规则。

B.1 介绍 rewrite 模块

Nginx 的 `rewrite` 模块是一个简单的正则表达式匹配与虚拟堆栈机器的组合。 任何 `rewrite` 规则的第一部分都是一个正则表达式。像这样，可以使用圆括号定义的部分作为“捕获”，它随后就会被位置变量引用。位置变量的值取决于在正则表达式中捕获的顺序，它们被标记了数字，因此位置变量`$1` 将会引用第一组括号，`$2` 引用第二组，以此类推。例如，参考下面的正则表达式。

```
^/images/([a-z]{2})/([a-z0-9]{5})/(.*)\.(png|jpg|gif)$
```

第一个位置变量`$1`，在以`/images/`字符开头的 URI 后立即引用两个字符；第二个位置变量`$2`，随后再引用 5 个字符的字符串，字符串由小写字母和数字 0～9 组成；第三个位置变量`$3`，被推测为文件名字的一部分；取之于正则表达式的最后一个变量`$4`，是一个 `png`、`jpg`，或者 `gif`，它是该 URI 中最后的一个部分。

Rewrite 规则的第二个部分是被重写的 URI 请求，该 URI 可以包含从正则表达式中捕获的任何位置变量，通过第一个参数指明，或者在 Nginx 配置级别中任何其他有效的变量。

```
/data?file=$3.$4
```

如果该 URI 没有匹配 Nginx 配置中的其他任何 location，那么它返回到客户端一个响应，该响应在 `Location` 头中可能是 301（`Moved Permanently`）或者 302（`Found`）的 HTTP 状态代码，以便指示被执行的重定向类型，这种状态代码可能是明确地指定了 `permanent` 或者 `redirect` 作为第三个参数。

第三个参数对于 rewrite 规则来说也可以是 `last` 或者 `break`，指示不再处理 `rewrite` 模块指令。使用 last 标志将导致 Nginx 搜索其他匹配重写 URI 的 `location`。

```
rewrite '^/images/([a-z]{2})/([a-z0-9]{5})/(.*)\.(png|jpg|gif)$'
  /data?file=$3.$4 last;
```

`break` 参数本身也可以被作为指令，用于在 if 区段或者其他启用 `rewrite` 模块的环境中停止 `rewrite` 模块指令处理。下面的配置片段假设某些外部方法设置了`$bwhog` 变量，在客户端使用了较多的带宽时，设置为非空和非零值。`limit_rate` 指令将会强制到一个较低的传输速率。`break` 参数用在这里，是因为进入了 `rewrite` 模块的 if 中，并且我们不想再处理任何这样的指令了。

```
if ($bwhog) {

  limit_rate 300k;

  break;

}
```

另一种停止 `rewrite` 模块指令处理的方法是，返回到主 `http` 模块控制处理请求。这可能意味着 Nginx 直接向客户端返回信息，但是 `return` 指令经常与 `error_page` 组合来为客户端提供一个 HTML 格式的页面，或者激活一个不同的模块来完成请求的处理。`return` 指令可能指示一个状态码，带有一些文本的状态码，或者带有 URI 的状态码。如果只有一个 URI 的状态码，那么状态码被理解为 302。在将文本放置在状态码之后时，该文本就变成了响应体。如果使用了 URI，那么该 URI 变成了 `Location` 头的值，客户端将会被重定向。

作为一个例子，在一个特定的 `location` 中我们想设置一个短的文本作为文件找不到的错误输出。我们在 `location` 中指定了一个等于号（=），表示这是确切地匹配这个 URI。

```
location = /image404.html {

  return 404 "image not found\n";

}
```

任何对该 URI 的调用都将会由 HTTP 代码 404 回答，并且会有文本 image not found\n 发送到客户端。因此，我们可以在 try_files 指令结尾使用/image404.html，或者是作为图像文件的错误页。

除了指令依赖于重写 URI 行为之外，rewrite 模块也包含一组设置指令用于创建新的变量和设置它们的值。这在许多情况下都是有用的，无论是在某些条件下创建标志，还是传递命名参数给其他 location 及记录它们的行为。

下面的示例演示这些概念以及相应的指令的使用。

```
http {

  # a special log format referencing variables we'll define later
  log_format imagelog '[$time_local] ' $image_file ' ' $image_type
    ' ' $body_bytes_sent ' ' $status;

  # we want to enable rewrite-rule debugging to see if our rule
  does
  # what we intend
  rewrite_log on;

  server {

    root /home/www;

    location / {

      # we specify which logfile should receive the rewrite-rule
        debug
      # messages
      error_log logs/rewrite.log notice;

      # our rewrite rule, utilizing captures and positional
        variables
      # note the quotes around the regular expression - these
        are
      # required because we used {} within the expression
        itself
      rewrite '^/images/([a-z]{2})/([a-z0-9]{5})/(.*)\.
        (png|jpg|gif)$' /data?file=$3.$4;

      # note that we didn't use the 'last' parameter above; if
        we had,
      # the variables below would not be set because Nginx
        would
```

```
        # have ended rewrite module processing

        # here we set the variables that are used in the custom
          log
        # format 'imagelog'
        set $image_file $3;

        set $image_type $4;
      }

      location /data {

        # we want to log all images to this specially-formatted
          logfile
        # to make parsing the type and size easier
        access_log logs/images.log imagelog;

        root /data/images;

        # we could also have used the $image-variables we defined
        # earlier, but referencing the argument is easier to read
        try_files /$arg_file /image404.html;
      }

      location = /image404.html {

        # our special error message for images that don't exist
        return 404 "image not found\n";

      }

    }

  }
```

下表统计了我们在本部分讨论的 rewrite 模块指令。

表 Rewrite 模块指令

Rewrite 模块指令	说明
break	结束处理在同一区段中找到的 rewrite 模块指令
if	评估条件，如果 if 条件为真，随后则指定在区段中设置的 rewrite 模块指令，使用以下格式： `if (condition) { … }`

续表

Rewrite 模块指令	说明
if	条件可能是下面之一。 ◆ 变量名：如果变量名为空或者任何以 0 开始的字符串。 ◆ 字符串比较：使用 = 和 != 操作符。 ◆ 正则表达式匹配：使用～（区分大小写）和～*（不区分大小写）相应的肯定操作符!～和否定操作符!～*。 ◆ 文件存在性：使用-f 和！ -f 操作符。 ◆ 目录存在性：使用-d 和！ -d 操作符。 ◆ 文件、目录，或符号连接存在性：使用-e 和！ -e 操作符。 ◆ 文件可执行性：使用-x 和！ -x 操作符
return	停止处理并且向客户端返回指定的代码。非标准的代码 444 将会关闭连接而不发送任何响应头。如果代码还伴随有文本，那么该文本将会被存储在响应体中。如果替代为在代码后给定一个 URL，那么该 URL 将会是 Location 头的值。没有代码的 URL 被作为 302 代码。
rewrite	将第一个参数的匹配正则表达式改为第二个参数的字符串从而改变 URI。如果提供了第三个参数，可以是下列标志之一。 ◆ last：停止处理 rewrite 模块指令并且搜索改变后的 URI 匹配的 location。 ◆ break：停止处理 rewrite 模块指令。 ◆ redirect：返回一个临时重定向（代码 302），当 URI 没有以一个 scheme 开始的时候使用该标志。 ◆ permanent：返回一个永久重定向（代码 301）
rewrite_log	对 rewrite 启用 notice 级别的日志记录到 error_log
set	为一个给定的变量指定特定的值
unitialized_variable_warn	控制是否记录没有初始化变量的警告信息

B.2 创建新的 rewrite 规则

在我们从零开始创建一个新的规则时，就像任何配置区段一样，准确地计划到底要做什么。下面的一些问题要问一下自己。

- 在我的 URL 中需要什么样的范式？
- 是否有不止一种方式达到一个特定的页面？
- 我想将 URL 中的任何部分都捕获到变量中吗？
- 我要重定向到一个站点，而不是这台服务器，或者我的规则能够再次重现？

◆ 我想替代查询字符串参数吗？

在检查你的网站或者应用程序布局时，你应该清楚什么样的模式匹配你的URL。如果有多于一种方法到达某一页面，则创建rewrite规则向客户端发送永久重定向。利用这一知识，你能够构造一个站点或者应用程序的标准形式，这不但有利于URL更整齐，而且也有利于你的站点更容易被发现。

例如，如果你有一个用于处理默认流量的home控制器，但是到达该控制器也可以通过index页面，你能够使得用户通过下列URI得到同样的信息。

```
/
/home
/home/
/home/index
/home/index/
/index
/index.php
/index.php/
```

将包含控制器名称以及index页面的直接请求返回到根目录更为有效。

```
rewrite ^/(home(/index)?|index(\.php)?)/?$ $scheme://$host/ permanent;
```

我们在规则中指定了`$scheme`和`$host`变量，因为我们产生了一个永久的重定向（代码301），并且想让Nginx使用同样的参数构建URL，就是首先到达该配置行的参数。

如果你想单独地记录URL中的某个部分，你可以在URI正则表达式上使用捕获功能，然后将位置变量转为命名变量在`log_format`中定义。我们在前面章节中看到的这个例子，其基本组件如下所示。

```
log_format imagelog '[$time_local] ' $image_file ' ' $image_type '
  ' $body_bytes_sent ' ' $status;

rewrite '^/images/([a-z]{2})/([a-z0-9]{5})/(.*)\.(png|jpg|gif)$'
  /data?file=$3.$4;

set $image_file $3;

set $image_type $4;

access_log logs/images.log imagelog;
```

当你的rewrite规则导致内部重定向或者指示客户端调用规则自身定义的location，特别要注意避免 rewrite 循环。例如，规则在 server 区段内定义并且有 last 标志，但是如果在 location 中应用定义，那么必须使用 break 标志。

```
server {

  rewrite ^(/images)/(.*)\.(png|jpg|gif)$ $1/$3/$2.$3 last;
  location /images/ {

    rewrite ^(/images)/(.*)\.(png|jpg|gif)$ $1/$3/$2.$3 break;

  }

}
```

传递新的查询字符串参数作为 rewrite 规则的一部分，这是使用 rewrite 规则的目标之一。然而在初始查询字符串参数被丢弃时，而且仅在规则中定义了它们的使用时，需要在新参数的定义结尾放置一个字符？。

```
rewrite ^/images/(.*)_(\d+)x(\d+)\.(png|jpg|gif)$
  /resizer/$1.$4?width=$2&height=$3? last;
```

B.3 转换 Apache 下的规则

Apache 使用强大的 mod_rewrite 模块做重写规则，这已有很长的历史，并且互联网上的大多数资源也聚焦在这些规则上。在遇到 Apache 格式的重写规则时，通过下面的一些简单规则将它们翻译为 Nginx 能够解析的规则。

B.3.1 规则#1：使用 try_files 替代目录和文件存在性检测

当遇到一个如下形式的 Apache 的重写规则时。

```
RewriteCond %{REQUEST_FILENAME} !-f

RewriteCond %{REQUEST_FILENAME} !-d

RewriteRule ^(.*)$ index.php?q=$1 [L]
```

这种格式最好被翻译为如下的 Nginx 配置。

```
try_files $uri $uri/ /index.php?q=$uri;
```

这些规则规定在 URI 中指定的文件名既不是磁盘上的文件，也不是磁盘上的目录，那么请求将会被传递到 index.php 文件，index.php 文件在当前区段的根目录下，并且给定了参数 q 及一个值匹配原始的 URI。

在 Nginx 有 try_files 指令之前，除了使用 if 测试 URI 的存在性外并没有其他的选择。

```
if (!-e $request_filename) {

  rewrite ^/(.*)$ /index.php?q=$1 last;

}
```

不要这么做。你可能在互联网上看到这种配置推荐你这么做，但它们是过时的或过时的配置的复制品，而没有完全使用 rewrite 规则，因为 try_files 属于 http 的核心模块指令。try_files 指令更有效地执行了这个任务，这就是它确切创建的原因。

B.3.2 规则#2：使用 location 替代匹配 REQUEST_URI

由于历史的原因，许多 Apache 重写规则被放置在.htaccess 文件中，用户最有可能访问这些文件本身。典型的共享主机是不允许用户直接访问负责他们的站点的虚拟主机配置的，但是在.htaccess 文件中几乎能够提供任何功能的配置，这就导致了今天的局面，即出现.htaccess 文件具体重写规则的增值。

Apache 中也有一个 location 指令，但是很少被用于解决匹配 URI 这个问题，因为它仅被用于主要的服务器配置或者虚拟主机的配置。因此，我们反而看到的是用一个增值的重写规则匹配 REQUEST_URI。

```
RewriteCond %{REQUEST_URI} ^/niceurl

RewriteRule ^(.*)$ /index.php?q=$1 [L]
```

在 Nginx 中使用以下 location 处理是最好的方法。

```
location /niceurl {

  include fastcgi_params;

  fastcgi_index index.php;

  fastcgi_pass 127.0.0.1:9000;

}
```

当然，在 location 中的内容依赖于你的具体设置，但是原理仍然是相同的，URI 匹配最好是通过 location 解决。

这个原理也应用到 RewriteRules，这是一个隐含 REQUEST_URI。这些都是典型的仅有 RewriteRules 从旧格式 URI 到新格式的转换。在下面的例子中，我们看到 show.do 不再是必需的了。

```
RewriteRule ^/controller/show.do$ http://example.com/controller [L,R=301]
```

转换到 Nginx 的配置如下所示。

```
location = /controller/show.do {

  rewrite ^ http://example.com/controller permanent;

}
```

不要着迷于无论在什么时候看到 RewriteRule 都创建 location，我们应该记住直接将正则表达式转换。

B.3.3 规则#3：使用 server 替代匹配 HTTP_HOST

该规则与规则#2：使用 location 替代匹配 REQUEST_URI 部分中提到的规则紧密相关，这个规则考虑的配置是尝试为域名移除或者添加 www。这种类型的重写规则经常在.htaccess 文件或者在 ServerAliases 超负荷的虚拟主机中找到。

```
RewriteCond %{HTTP_HOST} !^www

RewriteRule ^(.*)$ http://www.example.com/$1 [L,R=301]
```

下面我们将 URL 的主机部分开头没有 www 的情况转化为有 www。

```
server {

  server_name example.com;

  rewrite ^ http://www.example.com$request_uri permanent;

}
```

在相反的情况下，就是说不需要 www 时，我们进入以下规则。

```
RewriteCond %{HTTP_HOST} ^www

RewriteRule ^(.*)$ http://example.com/$1 [L,R=301]
```

该规则转化为 Nginx 的配置如下。

```
server {

  server_name www.example.com;

  rewrite ^ http://example.com$request_uri permanent;

}
```

没有显示的是 server 区段被重定向的变体，这个被丢弃，因为它不依赖于重写模块本身。

最佳方法：

同样的原理应用到多个有或无 www 的匹配，它可以通过任何使用%{HTTP_HOST}的 RewriteCond 来完成，这些重写规则最好在 Nginx 中通过使用多个 server 区段来完成，每一个 server 匹配一个期望的条件。

例如，我们看下面在 Apache 中的多站点配置。

```
RewriteCond %{HTTP_HOST} ^site1

RewriteRule ^(.*)$ /site1/$1 [L]

RewriteCond %{HTTP_HOST} ^site2

RewriteRule ^(.*)$ /site2/$1 [L]

RewriteCond %{HTTP_HOST} ^site3

RewriteRule ^(.*)$ /site3/$1 [L]
```

这个基本的转换就是配置匹配主机名和每一个主机不同的 root 配置。

```
server {

  server_name site1.example.com;
  root /home/www/site1;

}

server {

  server_name site2.example.com;
```

```
  root /home/www/site2;

}

server {

  server_name site3.example.com;

  root /home/www/site3;

}
```

这些基本上是不同的虚拟主机，因此在配置文件中最好这样处理它们。

B.3.4 规则#4：变量检查使用 if 替代 RewriteCond

该规则仅在规则 1 到规则 3 应用之后再使用。如果还有任何没有被那些规则包含的条件，那么 if 可能被用于测试变量的值。可以在任何 HTTP 变量之前添加$http_前缀。如果在变量名字中有连字符（-），那么它们将会被转换为下画线（_）。

下面的例子（来源于 Apache 的文档中 mod_rewrite 模块部分 http://httpd.apache.org/docs/2.2/mod/mod_rewrite.html）被用于基于 User-Agent 头来决定哪一个页面将投递给客户端。

```
RewriteCond %{HTTP_USER_AGENT} ^Mozilla

RewriteRule ^/$ /homepage.max.html [L]

RewriteCond %{HTTP_USER_AGENT} ^Lynx
RewriteRule ^/$ /homepage.min.html [L]

RewriteRule ^/$ /homepage.std.html [L]
```

在 Nginx 的配置中，该规则将会被转换如下。

```
if ($http_user_agent ~* ^Mozilla) {

  rewrite ^/$ /homepage.max.html break;

}

if ($http_user_agent ~* ^Lynx) {
```

```
  rewrite ^/$ /homepage.min.html break;
}

index homepage.std.html;
```

如果指定了任何仅在 Apache 的 mod_rewrite 模块中使用的特殊变量，在 Nginx 中则无法被检查出来。

B.4　小结

在这个附录中，我们研究了 Nginx 的 rewrite 模块，一些与该模块相关的指令，但是这些指令用于创建一些复杂的配置。通过一步一步创建新的重写规则过程来希望证明重写规则的创建是多么容易。在创建任何复杂的重写规则之前，需要理解正则表达式以及如何读懂和构建它们。我们在该附录中围绕如何将 Apache 格式的重写规则转换为 Nginx 能够解析的配置进行讨论。在这样做时，我们发现，相当多的 Apache 重写规则在 Nginx 中能够有不同的解决方法。

附录 C
Nginx 社区

Nginx 不仅有一个充满活力的社区支持，而且现在还有公司支持。Igor Sysoev 是 Nginx 的原创作者，在 2011 年共同创办了 Nginx 公司，为使用 Nginx 的公司提供专业的支持，他和其他的 Nginx 开发者也为社区提供支持。本附录提供了一个简要概述的在线社区资源。

本附录涵盖以下内容。

- Nginx Plus。
- 邮件列表。
- IRC 频道。
- Web 资源。
- 撰写正确的 bug 报告。

C.1 Nginx Plus

Nginx 公司提供了一种名为 Nginx Plus 的商业产品。它适用于这样的用户，即需要更高级负载均衡功能，更好地控制流媒体功能或者动态配置的用户。更多信息，请参见 https://www.nginx.com/products/feature-matrix/页面。如果你发现这些功能符合你的需求，你可以免费试用或者直接与销售人员联系。

C.2 邮件列表

在 nginx@nginx.org 上的邮件列表于 2005 年启用，订阅该列表和查看什么样的问题被询问过以及它们的回答，这是从邮件列表获取帮助的一种最好的方法。 在提问题之前，首先要搜索在线回答。另外在 https://www.nginx.com/resources/wiki/community/faq/页面上还有一个 FAQ。通过在 http://mailman.nginx.org/pipermail/nginx/上搜索归档邮件，查看是否最近有人已经回答过这个问题了。如果同样的问题不久前刚被询问，这不仅令你感到尴尬，而且会使得邮件列表的读者感到厌烦。要有耐心，你可能不会立即收到答案。首先，要有礼貌。志愿者在空闲时间回答问题。

C.3　IRC 频道

位于 http://irc.freenode.net/上的#nginx 是一个 IRC 频道，它是一个实时资源，对于那些了解开发并且获得短暂回答的用户感兴趣。在访问该频道时，请注意下列 IRC 规矩。大的文本块，例如配置文件或者编译输出的 Pastebin，仅将它们的 URL 复制到频道即可。关于该频道更多的详细介绍，请参考 https://www.nginx.com/resources/wiki/community/irc/。

C.4　Web 资源

在 https://www.nginx.com/resources/wiki/上的这个 wiki 已有数年，该资源很有用，在这里，我们能够找到指令的完整参考、模块列表和一些配置例子。但是需要注意的是，这是个 wiki，它的信息不保证是准确无误的、及时更新的，或者是你确切需要的。正如我们看到的这本书，在方案出台之前，它始终是权威地考虑你要完成的任务。

Nginx 公司维护了一个官方的参考文档，该文档在 http://nginx.org/en/docs/页面下，这里有介绍 Nginx 的文档，也包括 how-to 指南以及描述每一个模块和指令的页面。

C.5　撰写好的 bug 报告

在查找在线帮助时，撰写一个好的 bug 报告是非常有用的。如果你清晰确切地描述了一个问题，那么你将会发现得到一个答案是多么容易。本节将帮助你做这个工作。

一个 bug 报告最困难的部分实际上是定义问题本身，它将有助于你首先想到你要完成的是什么事情。在一个明确的状态下，以简洁的方式陈述你的目标，如下所示。

```
I need all requests to subdomain.example.com to be served from
  server1.
```

避免以如下方式写报告。

```
I'm getting requests served from the local filesystem instead of
  proxying them to server1 when I call subdomain.example.com.
```

你看到这两种陈述的不同了吗？在第一种中，你能够清楚地看到心中有特定的目标，第二种情况中描述了比目标本身更多的是问题的结果。

一旦问题被定义了，那么下一步就是描述问题如何能够再现。

```
Calling http://subdomain.example.com/serverstatus yields a "404
  File Not Found".
```

这将有助于任何查找这个问题的人努力来解决它。以确保在一个非工作的情况下，可以证明问题被解决。

接下来，描述观察问题的环境非常有用，有些 bug 仅在某些操作系统上发生，或者是在一个特定依赖库版本下发生。

任何再现问题所必需的配置文件应该包含在报告中，如果一个文件能够在软件归档中找到，那么只要提供该文件的参考就足够了。

在发送之前，要读一下你的 bug 报告。你经常会发现有些信息被丢掉了，有时候你会发现你自己已经解决了这个问题，只是清晰地定义一下。

C.6 小结

在本附录中，我们学习了一些在 Nginx 背后以及商业支持的社区，我们看到了那些主要的玩家和在线的有效资源。我们还了解了撰写一个 bug 报告，要解决一个问题，需要对撰写 bug 报告有深入的了解。

附录 D
Solaris 系统下的网络调优

在第 9 章"故障排除技巧"中，我们看到了在不同操作系统下对不同网络的调优，在这个附录中详细讲述对 Solaris 10 及以上系统的调优。

下面的脚本是通过 Service Management Framework（SMF）来运行的，实际上是用 ndd 命令来设置网络参数。将该脚本保存在/lib/svc/method/network- tuning.sh 文件中，并且要给予执行权限，以便能够在任何时候都在命令行测试运行。

```
# vi /lib/svc/method/network-tuning.sh
```

下面的片段是/lib/svc/method/network-tuning.sh 文件中的内容。

```
#!/sbin/sh
# Set the following values as desired
ndd -set /dev/tcp tcp_max_buf 16777216
ndd -set /dev/tcp tcp_smallest_anon_port 1024
ndd -set /dev/tcp tcp_largest_anon_port 65535
ndd -set /dev/tcp tcp_conn_req_max_q 1024
ndd -set /dev/tcp tcp_conn_req_max_q0 4096
ndd -set /dev/tcp tcp_xmit_hiwat 1048576
ndd -set /dev/tcp tcp_recv_hiwat 1048576
# chmod 755 /lib/svc/method/network-tuning.sh
```

下面的文件内容是为网络调优服务提供的，并且在启动系统时会运行该脚本。需要注意的是，我们要指定一个短暂的持续时间，以便让 SMF 知道这是一个一次运行的脚本，而不是以持久的守护进程方式运行。

脚本的内容被放置在/var/svc/manifest/site/network-tuning.xml 文件中，并且执行下面的命令载入。

```
# svccfg import /var/svc/manifest/site/network-tuning.xml
```

执行以上命令之后，你将会看到下面的输出。

```
<?xml version="1.0"?>
<!DOCTYPE service_bundle SYSTEM
  "/usr/share/lib/xml/dtd/service_bundle.dtd.1">
<service_bundle type='manifest' name='SUNW:network_tuning'>

  <service
    name='site/network_tuning'
    type='service'
    version='1'>

      <create_default_instance enabled='true' />

    <single_instance />

    <dependency
      name='usr'
      type='service'
      grouping='require_all'
      restart_on='none'>
      <service_fmri value='svc:/system/filesystem/minimal' />
    </dependency>

    <!-- Run ndd commands after network/physical is plumbed. -->
    <dependency
      name='network-physical'
      grouping='require_all'
      restart_on='none'
      type='service'>
      <service_fmri value='svc:/network/physical' />
    </dependency>

    <!-- but run the commands before network/initial -->
    <dependent
      name='ndd_network-initial'
      grouping='optional_all'
      restart_on='none'>
      <service_fmri value='svc:/network/initial' />
    </dependent>

    <exec_method
      type='method'
      name='start'
```

```
      exec='/lib/svc/method/network-tuning.sh'
    timeout_seconds='60' />

    <exec_method
      type='method'
      name='stop'
      exec=':true'
    timeout_seconds='60' />

    <property_group name='startd' type='framework'>
      <propval name='duration' type='astring'
        value='transient' />
    </property_group>

    <stability value='Unstable' />

    <template>
      <common_name>
        <loctext xml:lang='C'>
          Network Tunings
        </loctext>
      </common_name>

    </template>
  </service>

</service_bundle>
```

该服务是刻意设计得如此简单，目的是用于演示。

> 有兴趣的读者可以在 Solaris man 手册（https://docs.oracle.com/cd/E26502_01/html/E29043/smf- 5.html）和在线资源（https://github.com/natefoo/smf- nettune/blob/master/README.md）中探索 SMF 的进一步用法。

欢迎来到异步社区！

异步社区的来历

异步社区（www.epubit.com.cn）是人民邮电出版社旗下IT专业图书旗舰社区，于2015年8月上线运营。

异步社区依托于人民邮电出版社20余年的IT专业优质出版资源和编辑策划团队，打造传统出版与电子出版和自出版结合、纸质书与电子书结合、传统印刷与POD按需印刷结合的出版平台，提供最新技术资讯，为作者和读者打造交流互动的平台。

社区里都有什么？

购买图书

我们出版的图书涵盖主流IT技术，在编程语言、Web技术、数据科学等领域有众多经典畅销图书。社区现已上线图书1000余种，电子书400多种，部分新书实现纸书、电子书同步出版。我们还会定期发布新书书讯。

下载资源

社区内提供随书附赠的资源，如书中的案例或程序源代码。

另外，社区还提供了大量的免费电子书，只要注册成为社区用户就可以免费下载。

与作译者互动

很多图书的作译者已经入驻社区，您可以关注他们，咨询技术问题；可以阅读不断更新的技术文章，听作译者和编辑畅聊好书背后有趣的故事；还可以参与社区的作者访谈栏目，向您关注的作者提出采访题目。

灵活优惠的购书

您可以方便地下单购买纸质图书或电子图书，纸质图书直接从人民邮电出版社书库发货，电子书提供多种阅读格式。

对于重磅新书，社区提供预售和新书首发服务，用户可以第一时间买到心仪的新书。

用户帐户中的积分可以用于购书优惠。100积分=1元，购买图书时，在 0 使用积分 里填入可使用的积分数值，即可扣减相应金额。

特别优惠

购买本书的读者专享异步社区购书优惠券。

使用方法：注册成为社区用户，在下单购书时输入 S4XC5 使用优惠码，然后点击“使用优惠码”，即可在原折扣基础上享受全单9折优惠。（订单满39元即可使用，本优惠券只可使用一次）

纸电图书组合购买

社区独家提供纸质图书和电子书组合购买方式，价格优惠，一次购买，多种阅读选择。

社区里还可以做什么？

提交勘误

您可以在图书页面下方提交勘误，每条勘误被确认后可以获得100积分。热心勘误的读者还有机会参与书稿的审校和翻译工作。

写作

社区提供基于 Markdown 的写作环境，喜欢写作的您可以在此一试身手，在社区里分享您的技术心得和读书体会，更可以体验自出版的乐趣，轻松实现出版的梦想。

如果成为社区认证作译者，还可以享受异步社区提供的作者专享特色服务。

会议活动早知道

您可以掌握 IT 圈的技术会议资讯，更有机会免费获赠大会门票。

加入异步

扫描任意二维码都能找到我们：

异步社区

微信服务号

微信订阅号

官方微博

QQ群：436746675

社区网址：www.epubit.com.cn

投稿 & 咨询：contact@epubit.com.cn